建筑遮阳案例集锦

——公共建筑篇——

白胜芳　主编

中国建筑工业出版社

图书在版编目（CIP）数据

建筑遮阳案例集锦——公共建筑篇/白胜芳主编.—北京：中国建筑工业出版社，2013.8
ISBN 978-7-112-15643-6

Ⅰ.①建… Ⅱ.①白… Ⅲ.①公共建筑—遮阳—案例
Ⅳ.①TU226

中国版本图书馆CIP数据核字（2013）第165333号

责任编辑：石枫华 李 杰 兰丽婷
书籍设计：京 点
责任校对：党 蕾 关 健

建筑遮阳案例集锦
——公共建筑篇——
白胜芳 主编

*

中国建筑工业出版社出版、发行（北京西郊百万庄）
各地新华书店、建筑书店经销
北京京点设计公司制版
北京方嘉彩色印刷有限责任公司印刷

*

开本：787×960毫米 1/16 印张：14 字数：260千字
2013年9月第一版 2013年9月第一次印刷
定价：138.00元
ISBN 978-7-112-15643-6
（24185）

本书编委会

主　编　白胜芳

编　委　ArchDaily　冯　雅　付祥钊　蒋　荃　李家泉
　　　　李峥嵘　刘俊跃　卢　求　孟庆林　彭红圃
　　　　任　俊　王立雄　许锦峰　杨仕超　曾晓武
　　　　赵士怀　赵文海

前　言

　　《建筑遮阳案例集锦——公共建筑篇》汇集了近几年世界上 24 个国家和我国不同建筑气候区的当代公共建筑遮阳工程 102 例，分别为"综合性建筑"27 例、"办公建筑"31 例、"展览馆、博物馆和图书馆"19 例、"学校、幼儿园"11 例以及"空间遮阳、凉亭"14 例等五个部分。此集锦以图文结合的形式，从建筑美学、通风—导光等不同的角度，将不同形式的建筑遮阳案例展示给读者。

　　《建筑遮阳案例集锦——公共建筑篇》的出版，是在尊重原始资料基本数据的基础上，对每一工程案例从建筑功能到建筑美学，从建筑遮阳构件、设施和产品的选择到采用了遮阳后对建筑内部热舒适度、通风、克服眩光的改善以及绿植遮阳对建筑周围温湿度的调节作用，进行了专业技术方面的再次深加工而成，突出介绍了遮阳对室内舒适度和节能建筑的影响以及在节能减排方面的突出贡献。随着建筑节能事业的不断发展，人们对节能建筑的品质要求也在不断提高，遮阳对室内舒适度的积极作用不能小觑。建筑遮阳包括建筑外遮阳、建筑内遮阳和中置遮阳。在我国不同的建筑气候区，在不同的建筑成本投入条件下，对遮阳设施的选择则更具个性。如果在建筑设计的初期，积极考虑遮阳设施的设计，将会使节能建筑更具事半功倍的节能效果，尤其是活动外遮阳设施更是如此。设置良好的活动式建筑外遮阳设施作为节能建筑立竿见影的有效措施之一，在炎热的夏季，把灼热的太阳辐射阻挡在室外，让缓和的自然风和需要的自然光进入；在寒冷的冬季，让温暖的阳光进入室内，为室内增添热量，在提高室内舒适度的同时，降低了夏季空调制冷和冬季供暖的能耗，节约了宝贵的能源，减少了二氧化碳的排放，默默地为生态环境作出贡献。

　　让广大读者更加了解遮阳、使建筑师的视野更加开阔，是出版此集锦的目的。衷心希望集锦中不拘一格的遮阳形式、缤纷的遮阳设施色彩以及建筑师们巧夺天工的匠心和技艺，能够起到"投石问路"的作用，为我国众多的建筑师们打开遮阳设计的震撼之窗，为未来"凝固的音符"增添一抹绚丽的色彩。

在这本集锦之后，我们还将编辑出版居住建筑篇，争取将不同国家和地区以及我国不同气候区的居住建筑遮阳案例尽早介绍给大家。

在这里，我们由衷地感谢 ArchDaily 网站的支持，感谢在编辑素材的收集过程中"中国遮阳网"刘晓鸣编辑的大力支持。当然，也由衷地感谢集锦中每一位基础素材作者的原作以及他们提供的摄影作品。

2013 年 6 月，于北京

目 录

1.综合性建筑

2. 办公建筑

3. 展览馆、博物馆和图书馆

4. 学校、幼儿园

5. 空间遮阳、凉亭

综合性建筑

1.1 云南昆明的海埂会堂

图片来源：李家泉

以昆明为中心的滇中区域是我国主要的温和地区，最热月平均气温在 18 ~ 25℃，夏季的气候环境与人的热舒适指标较接近。温和地区属低纬度高原地带，空气稀薄、洁净，天高云淡，太阳辐射较强。建筑遮阳是温和地区控制太阳热辐射、改善室内热舒适度的重要措施。

云南海埂会堂坐落于昆明市，是会议及办公综合性建筑，地上建筑面积 50406m²。建筑呈 "一字型"，主立面朝西向，高原的太阳西晒给 28 个中、小型会议厅的热环境和建筑能耗提出了严峻的挑战。因此，建筑设计采用了大挑檐坡屋顶遮阳和中庭采光通风，结合内遮阳和 Low-E 玻璃的应用，有效地改善了各楼层会议厅的室内热环境。云南文化特色的传统坡屋顶造型使建筑与自然环境共融，体现了东方神韵。海埂会堂综合楼面对西山风景区和滇池湖面，三楼的平台茶座和四楼的屋面架构设计，充分融入了遮阳和自然通风的理念，为会议间歇及等候提供优质的休息场所和绝佳的水景景观空间。

1	
2	3

1.2 广西南宁的南国弈园

图片来源：张 霖

　　南国弈园位于南宁市云景路南侧，月弯路西侧，距离城市主干道民族大道 200m。此综合性公共建筑地上 7 层，地下 1 层。建筑面积：11621.1 m²；容积率：1.1；建筑密度：29.4%；绿地率：35.1%。此项目已获得国家二星级绿色建筑设计评价标识认证。

　　南国弈园突出了遮阳理念：四面外墙均设计有垂直铝合金百叶电动遮阳；每个百叶幕墙面积：25.5m×27.3m。每个朝向的外墙由 36 个翼帘型百叶单元组成，单元净面积 4.2m×3.9m。系统技术指标，每单元叶片数：8 片。叶片规格：长×宽×高 =3700（约）mm×450 mm×70mm。叶片可调角度：0°～90°。叶片材料：预滚涂层铝板 3003 系列。厚度：1.2mm。叶片穿孔规格：60° 交叉，孔径 2.5mm，孔距 5mm，穿孔率 22.67%；表面颜色为淡灰色。

　　整个建筑在全覆盖遮阳的同时，避免了太阳光直射造成的眩光进入室内；垂直百叶形成的格栅形成一排排通风口，凉爽的自然风穿过室内，大大降低了空调能耗。由于采用了垂直铝合金遮阳百叶，窗户玻璃只需使用普通玻璃，降低了工程造价。

　　南国弈园建筑外观比例适度，垂直遮阳上设计有壮锦图案的饰物，使建筑具有浓郁的南方气息和民族风格。

1.3　海南三亚的花园式生态度假酒店

　　三亚洲际度假酒店（Intercontinental Sanya Resort）由新加坡建筑事务所（WOHA）设计。建筑位于中国海南岛，面积 100 548m²。包括：一系列度假别墅、一座高级会所、两百间客房、餐厅、水上花园、SPA、运动中心和舞厅，所有的功能建筑都融入到花园概念中。

　　建筑外立面设计以水稻田为设计灵感，交错的方形花格图案使人联想到丰收时节的水稻田间；带有"中国结"元素的遮阳花格由穿孔铝板结合预制混凝土构件构成，有效地遮挡了强烈的太阳辐射热，减少了进入室内的热量，并克服了眩光。遮阳和交叉通风系统降低了制冷成本。

　　混合型绿色种植屋面是建筑的另一特色。种植屋面创造了微生态环境，还为建筑顶层提供了良好的保温隔热和降低噪声条件。屋面的雨水收集系统节约了所有绿植灌溉用水。"W"形的平面布局使所有空间都能接受到充足的自然光照。

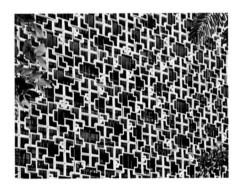

1

2

3

1.4 四川成都的双流国际机场 T2 航站楼

图片来源：冯 雅

成都双流国际机场为中国西南地区重要航空枢纽港和客货运集散基地。新近扩建的 T2 航站楼设计建筑面积为 29.3 万 m²，设计年旅客吞吐量为 3200 万人次。此建筑围护结构中屋盖的面积逾 80%，其设计方案对达到良好的建筑室内热环境和降低建筑能耗具有决定性影响。

从节约建筑运行能耗，提高建筑热舒适性等各方面因素考虑，建筑负荷和能耗的计算采用 DOE-2 计算工具，其中装机负荷计算采用设计日气象参数，能耗计算气象参数采用 TMY 气象数据，尤其对于地处夏热冬冷地区的成都市大天窗面积的建筑，对夏季室内热环境影响较大的突出问题进行了优化计算，并计算了空调运行负荷。计算出在满足采光要求的前提下，尽量减小天窗面积，建筑屋盖设计选用了竹叶形状，采用虚实相间的透明和非透明构件。达到了降低空调和照明总能耗的节能目标。

1

2

3

1.5 四川成都的铁路新客站

图片来源：冯 雅 高庆龙

　　成都新客站（东站）位于成都市东郊地区，建筑长 450m，宽 508.37m，高 37.6m。设计中充分考虑了成都的气候特点，以节约能源为宗旨，解决了采光、通风、遮阳问题。针对高大的建筑空间和大跨度建筑进深，建筑采用大面积玻璃幕墙，在方案设计阶段采用动态分析的方法对采光遮阳进行方案比较。并对空调负荷、年运行能耗进行量化分析，根据分析结果选择出节能效果良好、经济适宜的优化方案。

　　建筑立面采用虚实相间的透明材料和实体材料，以及大量玻璃幕墙、屋顶天窗；并采用了多种采光与遮阳措施并举的技术措施以降低空调能耗。建筑室内中庭的遮阳设施，除了考虑中庭的室内建筑艺术效果外，还考虑了建筑能耗和中庭的热舒适环境，因此，采用了贴膜和镀膜的节能玻璃控制进入室内的辐射量，同时采用室内遮阳，如遮阳格栅、遮阳幕、遮光幔等。最终，将建筑能耗控制在全国同类建筑的节能先进水平。

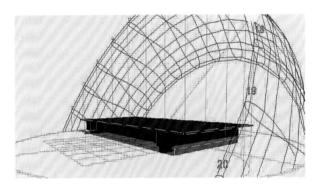

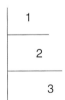

1.6　天津的生态城服务中心

图片来源：刘　翼　戚建强　蒋　荃

　　天津生态城服务中心是坐落于生态城 3km² 起步区的第一座建筑，占地 4.6 万 m²，建筑面积 1.2 万 m²。此项目执行国家绿色建筑标准，突出"节能、环保、简洁、实用"的原则，力求最大限度地节约资源、保护环境、减少污染，创造健康、舒适和高效的使用空间。

　　服务中心建筑在一片绿树掩映中，以橘红色为主色调，辅以外围晶莹通透的玻璃幕墙，格外引人注目。建筑外遮阳金属百叶帘、太阳能光伏电源、地源热泵、雨水回收装置、污水循环利用管线等一批彰显生态环保理念的设备，都被应用到了该建筑中。

　　节约能源最有效的措施之一是，该建筑在向阳立面窗和玻璃幕墙表皮采用了导轨式铝合金外遮阳百叶帘。结合屋顶气象系统光照强度和角度数据采集及楼宇控制系统集成，实现了外遮阳帘的自动控制和调节，在夏季有效地屏蔽太阳光的热辐射，降低了空调系统负荷。而冬季，收回遮阳帘，使充足的阳光进入，为室内增温，减少了供热能耗。

1.7　陕西西安的欧亚论坛中心

图片来源：于胜义

西安欧亚论坛中心建筑位于西安市。建筑外立面采用了典型的垂直式固定外遮阳系统。带有镂空图案的垂直式固定金属外遮阳板，以竖向等距离形式安设于建筑外立面。随着太阳的不断移动，不同部位的遮阳板为建筑发挥着遮阳作用。镂空形式的遮阳设施不会给建筑内部带来采光的不便，反而为建筑室内克服了眩光的不利影响。

垂直式固定金属外遮阳板装饰条外形尺寸为 1500mm x 200mm，由 3mm 厚单层铝板和钢龙骨组成，钢龙骨与主体结构连接。3mm 厚单层铝板表面通过冲孔剪板工艺进行加工制作，使之形状与当地的民俗文化浑然一体。

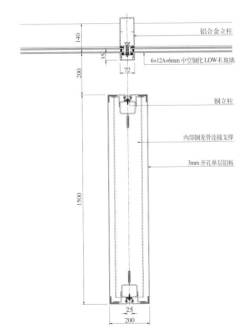

铝合金立柱

6+12A+6mm 中空钢化 LOW-E 玻璃

钢立柱

内部钢龙骨连接支撑

3mm 开孔单层铝板

1.8 四川的西昌机场候机楼

图片来源：冯雅 高庆龙

西昌机场候机楼地处我国高原温和地区。这里的气候特征是冬季温暖，夏季凉爽，年日照率高，大气透明度好，日照辐射强度大，全年日照百分率在70%以上，属于我国太阳能最为丰富的地区之一。因此，太阳辐射是影响建筑能耗和热环境的主要因素，这一地区太阳能应用与遮阳相结合具有特殊的作用。西昌机场候机楼屋面设计，正是采用了高技与低技相结合的方式，同时解决了采光和遮阳这对矛盾。

候机大厅的采光主要通过采用漫反射格栅透明天窗，直射光到达遮光幔后经二次反射变成漫反射光再进入室内，有效减少了眩光，形成柔和的室内光环境；遮阳方式采用透明屋面铝合金百叶内遮阳措施。建筑室内中庭采用了多种遮阳措施，如遮阳格栅、遮阳幕、遮光幔等。图3为天窗遮光幔，形成不同风格的昼夜光环境；图4为屋面透明天窗的格栅遮阳系统。在保持适宜的热环境的同时，节约了能源。

随着一天之中光线的不断变化，中庭遮阳设施所形成的光影和光斑也姿态迥异。此外，中庭上部采用的布幔遮阳通过导轨的滑动来进行调节，形成富有震撼力的室内光影效果，凸显了自然特性，营造出了完美的艺术氛围。

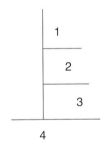

1.9　广州的合银广场大厦

图片来源：于胜义

广州合银广场大厦位于广州市环市东路与淘金路交会处，地下 4 层，地上 50 层，建筑高度 250m。建筑结构形式为框架 – 核心筒结构，功能为办公及商住，总建筑面积约 15290m²。

大厦建筑遮阳构造采用结构构件遮阳形式，是典型的垂直式固定外遮阳系统。装饰条外形尺寸为 800mm×950mm，由干挂 30mm 厚花岗岩石板和钢龙骨组成竖向装饰柱，钢龙骨与主体结构连接。30mm 厚花岗岩石板表面进行火烧面层处理，外观浑然一体，遮阳构件在为建筑提供遮阳的同时，也为建筑外立面塑造了新颖的动感"表情"，立体感十分强烈。

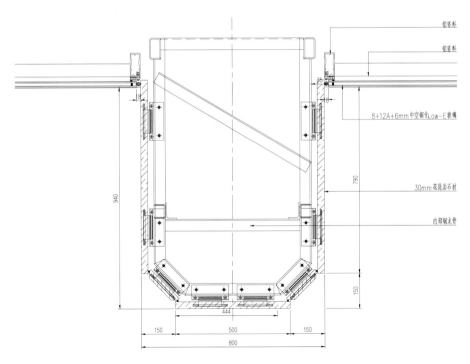

铝竖料

铝竖料

8+12A+6mm中空钢化low-E玻璃

30mm花岗岩石材

内薄钢龙骨

1.10 中国台湾桃园的"鸿筑吾江"住房销售中心

  "鸿筑吾江"住房销售中心位于中国台湾省桃园县，建筑面朝大街。狭长的矩形建筑呈中国传统文化中"龙"的造型，代表着吉祥如意。建筑立面造型的长线条结构加强了建筑的延伸感。建筑面积：1200m^2；竣工时间：2012 年。

  此玻璃幕墙建筑外面加设了冲孔网。凹凸变形的冲孔网建筑表皮造型别致，是建筑的外观特色，起到整体遮阳作用。同时，减少了太阳对室内的热辐射和眩光，更为室内提供了自然通风和导风条件，又不失为建筑的保温隔热层。冲孔网的采用节约了建筑保温和空调能耗。

1	2
3	

1.11 中国台湾高雄的港口及油轮服务中心

高雄是中国台湾省最大的工业港口，繁忙的对外门户。因此，港口和油轮服务中心建筑要充分体现出最佳的台湾文化，以及岛上的丰富资源和鸟类繁多的特色。"经济和环境和谐"就成为此建筑的主题。

服务中心建筑选择了综合钢结构建筑形式。在钢结构之上，又做了一张起伏的绿植"毯子"。"毯子"上面种植了台湾多彩的植被，吸引来多种原生鸟类参与到自然景观当中，意欲倡导环境保护意识。由于"毯子"具有保温、隔热、遮阳和挡雨的作用，"毯子"下面的建筑内部就拥有了宜人的微气候环境，室内不加修饰的钢结构框架就是建筑的顶棚，便于采光通风；精心的设计使室内的绿植可以得到充足的阳光照射，绿意盎然。人们身在其中，感觉空气清新，通透宽敞。

这种别出心裁的设计，更加有利于降低空调能耗，是可持续发展型绿色建筑模式，取得了更低的经济成本与绿色环境间的平衡。

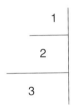

1.12 新加坡的滨海艺术中心

　　2002年10月落成的新加坡滨海艺术中心,由两座建筑组成。建筑外形奇特,宛若两颗大榴莲,很多人都习惯于称它为榴莲艺术中心。实际上,它是根据蜻蜓的一双复眼结构设计的:由节能玻璃组成的遮阳系统,构成了艺术中心匠心独具的屋顶。

　　滨海艺术中心独特的外观,由4590片节能玻璃组成的屋顶和遮阳板为醒目特征。这个不寻常的屋顶依据新加坡日照环境的模拟计算和设计,由接连不断的棱形玻璃窗组成。令人叹为观止的是,每一叶棱形玻璃窗上方均安设有一只突出的折叠三角形银色金属遮阳板。遮阳板又组合成了菱形的两个面,一个个紧密相连,在新加坡炎热的气候环境中,鳞次栉比的金属遮阳板既为屋面的玻璃窗遮挡了东南亚终年强烈的直射照晒,克服了眩光;又赋予建筑独特的纹理和质感,蜻蜓眼睛的效果栩栩如生。如此精心设计的遮阳构件,以其独特的造型和光影变化构成了建筑夸张的表皮。又由于新加坡洁净的空气质量,复杂的外表面不必人工冲洗,也清净如新。10多年来,该艺术中心一直是新加坡标志性建筑。

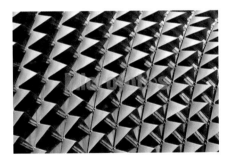

	1	
3		2

1.13 马来西亚的梅纳拉商厦

图片来源：陈燕男　王立雄

　　梅纳拉商厦位于马来西亚雪兰莪州，是一座 15 层高的大型写字楼。由于马来西亚地处亚热带地区，冬季室内采暖只要有充足的太阳照射就可以满足室温需要；夏季，建筑多以使用空调制冷为主。因此，精心设计好建筑冬、夏季节太阳得热因子和光照系数，才是建筑节能最大的亮点。

　　梅纳拉商厦设计团队将建筑遮阳设计贯穿于建筑设计全过程当中，建筑遮阳设计结合植物遮阳是此建筑的重点。玻璃幕墙建筑外侧，采用了半圆弧形反光遮阳板，这些遮阳板不规则地排列在幕墙结构外围，在遮阳的同时，不失灵动感；遮阳板与玻璃幕墙之间设计有一定的距离，有利于建筑通风和采光，并克服眩光进入室内。同时，落叶乔木是非常好的遮阳设施，大多数乔木的树叶随气温的升高而繁茂，随气温降低而凋落，落叶乔木的生长特征，正好对建筑起到了夏季开启遮阳设施，而冬天收起遮阳设施的作用。建筑还设置了垂直绿化与屋顶花园绿化，在遮阳的同时，减少温室气体排放，为建筑保持湿度。

夏季

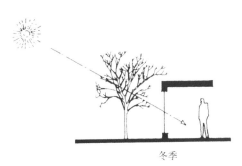

冬季

树木的遮阳取决于其树种、修剪和成长程度

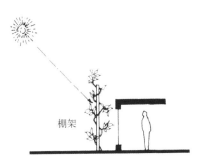

棚架

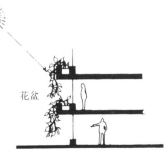

花盆

蔓藤植物能够十分有效地遮挡太阳

1.14　韩国首尔的龙舞双塔

　　龙舞双塔位于韩国首尔新建的龙山国际商务区内，包括住宅、商住两用房和零售店铺等几个部分，由芝加哥的 Adrian Smith & Gordon Gill 建筑师事务所设计。两座塔楼的高度分别为 450m 和 390m，450m 的塔楼有 88 层。"龙舞大厦"的独特之处在于：几个分段凸出而又棱角分明的小型塔楼建筑环抱着中央核心结构，小型塔楼表皮由棱形玻璃块层层叠覆，好似龙身上的鳞片。远远望去，两座筒形建筑恰如两条巨龙婀娜辗转，相映生辉，颇似韩国传统文化中的龙。

　　鳞片状玻璃表皮由太阳能光伏电池板构成，电池板在太阳能发电的同时，还起到遮阳作用；相互重叠的鳞片之间的空隙成为 600mm 的可控通风口，使建筑表皮构成"呼吸式"幕墙结构。同时，遮阳通风系统还结合了与日光呼应的照明智能控制系统，以及由电动离心式冷水机组控制的热回收系统。

　　龙舞双塔的迷你小塔，在顶部和底部也采用了玻璃面，顶部可以采光；底部为透明地板，使位于顶层的豪华单元有充足的自然光，同时还拥有 360° 俯瞰首尔市中心和汉江的广阔视野。独到的表皮设计为来到这里的人们提供了奇妙的空中景观体验。

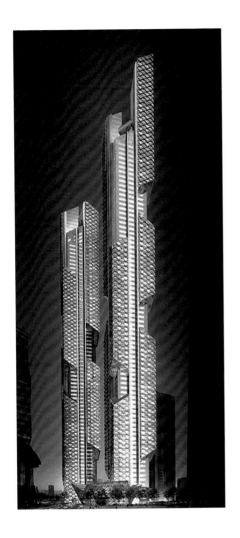

3 | 1
|
| 2

1.15 赤道几内亚的 SIPOPO 议会中心

赤道几内亚共和国位于中非西海岸，首都马拉博（Malabo）位于 Bioko 岛的北部海岸。

SIPOPO 议会中心坐落在马拉博。项目建筑师：Tabanlioglu 建筑设计事务所；2011 年建造；面积 1.37 万 m^2。建筑背靠大海，掩映在树林丛中。为抵御强劲的海风和强烈的日晒，建筑师为这座矩形建筑披挂上了不同形状、不同孔洞和不同网格造型的金属外罩。金属外罩为建筑内部遮挡阳光，提供通风条件。在中非灿烂的阳光下，建筑不同立面在不同的时间，表现出不同的光影立面效果；室内不同的光影随着时间的推移呈现出不同的景致。金属网格外罩的不同几何造型嵌板，回应出海风和海浪此起彼伏的声音，人们身处议会中心却犹如置身于大海当中，分享着海风的清凉，又享受着阴凉的环境。

1.16 墨西哥的奢侈品百货公司

此项目位于墨西哥，为外立面改造工程，业主为墨西哥最大的奢侈品零售商。

墨西哥是热带气候，太阳光照强烈，湿度高，因此，耐久性、抗老化、遮阳和通风是应考虑的主要问题。改造项目选择了混凝土作为外立面的主材，并采用了几何形状以及不同配比的混凝土浇筑方法，制作出混凝土预制件。这些混凝土构件采用了5种类似螺旋桨形状的构件造型，按轴线旋转180度，然后安装在建筑外立面表皮。建筑主体与表皮之间留有一定的空间距离。如此改建方式，为建筑遮阳和通风提供了有利条件的同时，建筑整体动感的独特外形效果给路人留下了深刻的印象。

白天，建筑物日光阴影变化丰富；夜晚，建筑物在变幻的照明灯光中放射出异彩。

1

2

3

1.17 冰岛的玻璃幕墙自然研究所

冰岛自然研究所是一所进行多学科研究和监测的公共机构。致力于植物学、生态学、地质学和动物学等方面的研究。建筑内有办公室、实验室、图书馆及标本研究收藏室。

此建筑为新建公共建筑，设计方由 ARKíS architects 承担。建筑特色为全玻璃表皮以及通透的连廊。多孔玻璃表皮不必使用能源，就为建筑内部提供了自然通风、遮阳的有利条件，并使室内有宽阔的视野。玻璃表皮上冰晶状的图样，应对着冰岛特有的低角度阳光，为室内带来柔和的光影，也减少了玻璃表皮造成的眩光。为了促进自然通风，每间办公室都配有两个可开启窗户，提高双层幕墙间的新鲜空气流动率。表皮内的清水混凝土墙体，体现出可持续发展的理念。建筑分为三个部分，由两个连廊连接，似乎是昆虫的身体，并形成了有节奏感的建筑群。夜晚，内部灯光映衬下的建筑群另有一番景致。

建筑物另一可持续发展理念体现在：通透铺设的停车场；雨水和地表水收集系统和经处理后排入附近湖泊的水处理系统；屋顶花园铺设当地的植物和苔藓；保护原生鸟类和昆虫栖息地。

1.18 科威特的哈姆拉菲尔杜斯大厦

位于科威特城中心的哈姆拉菲尔杜斯大厦，由办公室、健身俱乐部以及高端购物中心组成。建筑面积 195 000m²，高 412m，是一座地标性的高层建筑。在大厦里可以欣赏到波斯湾的壮观美景。自我拥抱般向内折叠的建筑形式，通过简洁的设计表达出来：SOM 建筑事务所的建筑师将视野最大化与太阳辐射热最小化结合于一体，节约能源、可持续发展。为了达到这个目的，设计师将每层的楼板在南侧逐层渐切，形成整座建筑沿其高度从西向东呈带状扭动，勾勒出大厦独特的造型。

为防止炎热的沙漠烘烤和烈日暴晒，大厦南面采用了混凝土不透明结构；而面向海湾的北面、东面和西面则采用了玻璃幕墙透明结构。为减少太阳辐射，"拥抱般向内折叠"的几何形状恰恰构成了外遮阳构件，随太阳的移动，为不同位置的室内遮挡阳光，疏导风向。

哈姆拉菲尔杜斯大厦优雅的外观看起来既像一座精巧优雅的现代雕塑，又像一个掩盖在精美的玻璃面纱之下的身影。白天，玻璃幕墙外立面映射出阿拉伯半岛的轮廓；夜晚，灯火通明的大厦更像是一尊俏丽的美女雕像。

1	2
3	

1.19　加拿大温哥华的可持续发展研究中心

可持续发展研究中心（CIRS：the Centre for Interactive Research on Sustainability）建成于 2011 年 8 月。建筑位于温哥华的不列颠哥伦比亚大学内，是可供私营、公共和非政府组织的研究者为加速可持续发展进行研究和探索的多用途空间。

5675m² 的研究中心由两座 4 层楼建筑和一座中庭相连组成。从中庭可直接进入到 450 席的讲堂。设计有自然通风的中庭，西边立面的遮阳结构上结合种植了藤蔓植物，藤蔓随着季节的更替达到理想的遮阳效果。

研究中心建筑超越了 LEED 白金级认证，是一个可收集阳光和余热的"活的建筑"：地下设置了采暖和制冷交换系统；太阳能发电装置还能将 600 兆瓦的多余电量供给校园内其他建筑用电使用；雨水收集器收集的雨水能满足研究中心所有的非饮用水需求；研究中心的净水器也是太阳能生态过滤系统；木质结构减少了约 600t 的碳排放量，实现施工和运行当中的"碳中和"。

这座研究中心不仅是一座建筑，也是一个可持续发展的研究实体，更是推动设计发展的催化剂。是北美地区罕见的、最具可持续性的建筑。

1	
	2
3	

1.20 美国安吉利斯港的迈尔厅

迈尔厅位于华盛顿州安吉利斯港的半岛学院，是一所集艺术、人文和教学支持项目于一体的多学科中心。建筑师为 Schacht Aslani。

该中心以可持续发展为设计理念。建筑外立面以不同宽度的金属板与落地玻璃窗相间，成为建筑的表皮。金属板沿竖向向外折起，经过精确计算的金属板折起部分，在炎热的夏季，起到了对落地窗的遮阳作用；而在寒冷的冬天，能够让温暖的阳光照射进室内。减少了空调制冷和采暖能耗。在没有金属板遮挡的玻璃幕墙部分，提供了室内的采光需求。室内楼梯设置在靠玻璃幕墙一侧，在方便人员出入的同时，不会影响到室内任何活动项目的进行，又克服了强烈的阳光给室内造成的眩光。玻璃幕墙内侧设置有内遮阳活动卷帘。

迈尔厅周边带屋檐的室外过道让学生直接从校园穿过，到达一片原始森林，并一直引导他们来到湿地边缘的观景平台。建筑物周围所有新种植的植物都选用当地品种，不需永久灌溉系统。雨水被直接收集起来并引流到湿地。附生了本土苔藓的屋顶可以减少热岛效应，并为屋面保温隔热。供暖则由地热井和地源热泵提供。

1.21 美国帕金斯 & 威尔公司的亚特兰大办事处

　　始建于 20 世纪 60 年代的世界著名建筑公司：帕金斯 & 威尔，在亚特兰大办事处节能改建项目中，以 95 分的完美成绩获得了 LEED 白金认证。与基准能耗线相比，改建后的现代化办公大楼减少了原来建筑物 58% 的能耗和 78% 的用水。改建方案包括采用多项节能新技术对外墙改造、扩建员工活动露台和花园和扩建多功能工作场所。

　　外墙的节能改造包括：采用高效节能外墙玻璃、墙体立面的保温隔热改造以及建筑物背阳面尽量减少开窗；扩建了用于会议和社交活动的露台和员工花园。遮阳和采光改造包括：充分利用自然采光，采用高效节能照明灯具、照明系统的智能控制系统；建筑低层的被动遮阳和建筑露台层的活动外遮阳；采暖系统改造包括：采用热泵地板辐射式加热和制冷系统、微型燃气轮机和吸收式制冷机；中水利用包括：雨水收集系统，并利用中水进行园林灌溉和低流量厕所用水。

　　总体来讲，改建后的建筑碳排放量减少了 68%，符合 2030 年挑战目标中减少温室气体排放的相关规定。节能改建中，对原建筑 80% 的材料进行了再次使用，改变用途，回收或捐赠。更特别的是，该项目孕育了生命周期建筑中心——一个非营利资源中心，回收利用旧材料以用作该地区未来发展。

1.22 美国加利福尼亚州的科研中心

科研中心位于美国加利福尼亚州旧金山。新建建筑与节能改造项目结合，是旧金山环境部关于绿色建筑的 10 个试验项目之一。改造项目保留了 1934 年建造的天文馆和热带雨林馆的两道石灰岩墙体，这两座建筑的两个穹顶被设计成绿色屋面。新建项目包括一个水族馆以及几个收藏品展厅。

整个建筑群均使用了高性能玻璃，降低了太阳热辐射和制冷负荷；带太阳能电池板的"外罩"，在为建筑提供能源的同时，也起到了遮阳作用。建筑采用了外挑檐设计，为建筑本身和从建筑附近行走的人遮阳挡雨；屋面的太阳能电池板使用了 60000 片光伏电池，年可产电 213000kWh 清洁能源，每年减少了超过 405000 磅的温室气体排放量；采用的自然光和自然通风系统，使至少90% 的使用空间有自然采光和室外景观，降低了人工照明的耗电和产热；波状起伏的屋面轮廓可以引导凉风进入建筑中心广场，穹顶上的智能天窗通过自动开闭来通风散热；防水和除湿系统使收藏品保持相对恒定的湿度，降低了 95%的除湿能耗；热辐射地板降低了 5% ~ 10% 的能耗；热回收系统获取并利用HVAC 设备产生的热量；种植屋面给建筑提供了超级隔热层，降低了空调能耗。屋面种植了加利福尼亚当地的植物，不需要特殊养护和浇水灌溉。

1.23　美国的布鲁克军事医疗中心

本项目是由 RTKL 事务所对美国 BAMC 的节能改造项目。改造后的建筑，增加了 6.97 万 m^2 的附属建筑，使建筑面积翻了一番，成为圣安东尼奥军事医疗中心（San Antonio Military Medical Center）。中心建筑群包括医疗室、病房和办公楼。

布鲁克军事医疗中心建筑建于 1995 年，位于山姆·休斯敦堡，为砖石辅以玻璃幕墙立面建筑。节能改造时，对新建和既有建筑均进行了全方位遮阳设计：根据太阳入射方位角确定遮阳角度，采用固定百叶格栅对幕墙建筑进行大面积遮阳以及空间遮阳。新建建筑均采用了活动外遮阳帘设施。

此项目的另一个亮点是，将碎陶瓷加入到混凝土材料中，增加了墙面材料的强度和自洁性，作为新建和节能改造建筑的统一饰面。新建建筑的墙体增加了厚度，提高了保温隔热性能，同时有利于窗口部分的遮阳。

1

2

3

1.24 美国纽约的梦幻中心酒店

梦幻中心酒店（Dream Downtown Hotel）位于美国纽约切尔西中心附近，是由 Handel Architects 进行节能改造设计的项目。改造后的建筑别具一格，为人们展开了梦幻般的奢华之旅。改造前的建筑 Albert C. Ledner 大楼始建于 1966 年，是当地地标性建筑。节能改造后成为酒店。在 12 层的建筑内，有 316 间客房、两间餐厅、屋顶花园、贵宾室、室外泳池、池边酒吧、健身房、公共空间和零售商店。

节能改造项目以外墙为重点。建筑师为建筑加上了不锈钢表皮，表皮上布满了圆形孔洞，这些圆形孔洞既是窗户也是采光孔。从建筑内部可以看到外面的天空，太阳和月亮；傍晚时分，圆孔透射出的光影效果更加迷人，像梦幻的气泡浮动在建筑表面。别具风格的表皮为建筑赋予了新的生命，又是设计师追求的节能的目的：建筑主立面的不锈钢表皮，经过对穿孔边缘（窗洞口）的密封，使表皮与外窗之间有足够的厚度和空气层为建筑保温隔热，同时起到了对窗洞口的遮阳作用；整座建筑的表皮，便于遮阳、采光、通风，可谓一举几得。

"圆"的元素在建筑中随处可见，不论是外立面窗户的圆孔造型，还是接待大厅的圆形茶几和座椅，甚至是餐厅顶棚上 200 多个圆形玻璃球灯具，抑或是底层露天泳池圆形玻璃采光井，圆形实物与圆形光影互动，梦幻绮丽。

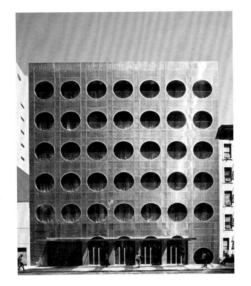

1

2

3

1.25 西班牙的 E8 大厦

　　E8 大厦位于西班牙的维多利亚,建筑面积 12974m^2,2011 年竣工。建筑师:
Coll·Barreu 。

　　E8 大厦建筑拥有不规则外形，以节能玻璃表皮包裹。表皮设置有良好的气
候控制系统。夏季，在智能控制系统下"烟囱效应"使建筑自由地呼吸，通风
散热降温。表皮上纵横的框架起到了遮阳格栅的作用，又不影响室内采光；冬
季,温暖的阳光照射进室内,为室内增温。玻璃表皮与室内之间是透明的空气层,
将室外的冷热空气隔离。大厦得到设计师的精心呵护,不仅冬暖夏凉,还大幅
度降低了建筑能耗。

1

2

3

1.26 美国布鲁克林的植物园访客中心

访客中心沿布鲁克林的植物园东北角，顺原有山脉的走向依山而建。访客中心建筑为玻璃幕墙结构，使人在室内可以将视野扩展和延伸到山林景致。

访客中心拥有约 929m² 蜿蜒的绿色屋顶，种植了与当地物种相协调的绿色植物。种植屋面起到了对建筑的保温隔热作用。

建筑在向阳外立面高度的 1/2 处设置了大跨度悬挑檐结构，为以下的空间遮阳挡雨，人们在其下行走，不会受到天气变化的影响；悬挑檐与建筑内部浅色的反光顶棚呼应，反光顶棚建筑内部导光，也为内部进深较大的空间提供天然光源，尽量减少人工照明能耗，做到节约能源，保护环境。

此建筑以生态、环保、绿色的节能理念赢得了 LEED 金质认证。

1	2
3	4

1.27 西班牙的 CIB 生物医学研究大楼

西班牙的 CIB 生物医学研究大楼建筑在整体造型和表皮形式中应用了仿生技术，模仿骆驼、北极熊与树叶等的外形，使建筑外观形象与内部功能紧密联系起来，显示出"生物医学研究"的特征。建筑内部的功能多样，低层设有图书馆和休息室等活动空间，上层为研究空间。

建筑师利用生物类型实现了类似的外形与内部调节系统：分别模仿骆驼作为建筑群整体造型；树叶作为建筑表皮元素，起到遮阳作用。半透明的"树叶"模仿其原生态树叶的脉络，构成表皮元素结构支撑，并具有通风透气作用；建筑表皮功能则模仿北极熊毛皮的防水、可呼吸和保暖特质。

缩进的建筑西侧入口处，以结构构件形式，为入口的廊道和接待厅遮阳避雨。

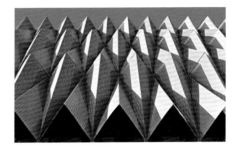

	1	2
	3	4

办公建筑

2.1 北京的环境国际公约履约大厦

图片来源：于冰君

北京环境国际公约履约大厦是一座 4C 大厦。4C 的含义为：现代计算机技术（Computer）、现代控制技术（Control）、现代通信技术（Communication）和现代图像显示技术（CRT）；加上现代建筑技术（Architecture），即 4C+A，是绿色智能建筑发展的技术基础。

4C 大厦坐落在北京西直门桃园小区北侧，是我国与国际机构、外国政府开展环境保护合作与交流的重要窗口，由意大利 MOA 建筑事务所设计，2009年竣工。建筑地上 9 层，地下 2 层，总高度 36m，总面积 29290m²，可容纳1000 多人办公。

4C 大厦北立面采用窄条形窗，最大限度地减少冬季北风的袭击。其他立面是由石材幕墙，遮阳板和轻型框架组成，遮阳板面层采用了铝板、石材板和玻璃等几种不同材料，用以在不同的立面位置达到不同的美学效果和不同的遮阳功能。大厦每层窗户上方均安装有通长的横向固定遮阳板，配合室内遮阳—导光板，遮阳板和导光板均为浅色，为室内营造了没有眩光、光线柔和均匀的良好采光条件，遮阳导风的作用更是突出。这些遮阳板经过精确计算，夏季起到遮阳作用；而冬季可以使更多的太阳辐射进入室内，为室内增温。大厦所有跃层空间立面外部，均安设了格栅遮阳设施，最大限度地减少大厦的被动太阳辐射得热。

大厦屋面的玻璃区域，安设了智能控制追光镜和反光镜系统，将自然光线经过折射导入建筑内部，把中庭和整个 9 层公共活动空间照亮，大厦中庭在白天不需人工照明。即便是在阴雨天，内部照度也能够达到照明标准要求。

4C 大厦在光和热的利用方面，始终以"环保、节能、可持续发展"为主线，大幅度降低了建筑能耗，为全国公共建筑节能环保起到了示范作用。

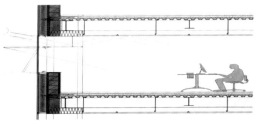

1

2

3

2.2 中国农业银行上海数据处理中心

图片来源：卫敏华　程小琼

中国农业银行数据处理中心建筑位于上海外高桥保税区，由法国 AREP 建筑设计公司及上海现代建筑设计集团联合设计，在设计初期，遮阳系统的设计就参与了设计。建筑面积：12.39 万 m^2，遮阳面积：8000m^2，遮阳方式为巨型活动外遮阳百叶翻板。

数据处理中心为围合式建筑群，每幢建筑为玻璃幕墙结构。建筑群中间是一个独立完整的内庭园空间，从而增大了采光量和紫外线的照射及热辐射的穿透。为了有效地控制夏季进入室内的太阳辐射热，降低空调制冷负荷；同时，满足进入室内光线的调节，防止眩光以及吸声、降低噪声，并起到一定的装饰作用，建筑表皮采用了巨型活动外遮阳百叶翻板。

活动外遮阳百叶翻板叶片宽 1m，高 4m，组合式结构，叶片开孔率 30%。在起到遮阳作用的同时减轻自重，减少风压，不必担心在台风季节使用。叶片上下两端采用螺纹轴头定位固定，智能控制系统操作。

为满足工程外观的美感，要把所有的变速、安装以及传动机构安装在空腔内，还要在这些机构的间隙中留下调整百叶长度的调节距离，因此该工程中使用了带有螺纹的输出轴头，轴头在穿过轴承后可以通过螺母的进退来调整百叶的安装长度。最后在两端用螺母吊紧后可以提高百叶本身的抗外力能力。采用耐候橡胶条摒弃了传统的嵌缝、螺栓和焊接工艺，解决了热胀冷缩问题，并防止碰撞及降低噪声。克服了在巨大的外力条件下百叶机构整体遭到变形甚至破坏的可能。

由于遮阳百叶自重较大，采用了多片联动设计，选用了驱动系统变速以及蜗轮蜗杆装置，保证了百叶在旋转过程中的稳定性。遮阳百叶下端采用圆锥滚子轴承，叶片可承受纵向 1°～3° 的摆动，既解决了百叶受风变形问题，又增强了抗震性能，使遮阳系统在受到外力冲击和气候变化的条件下不会影响正常的传动旋转。设计中将遮阳系统与建筑的避雷系统相连接，接地电阻将不大于4.0欧姆。由此解决遮阳系统的防雷、避雷问题。

群体遮阳系统的使用缓解了数据中心所处地域夏天闷热，冬天湿冷，以及气候、台风等的侵袭。最大限度地减少了建筑得热和空调能耗；同时在冬季也最大限度地利用太阳得热，减少热损失，达到建筑节能的目标。

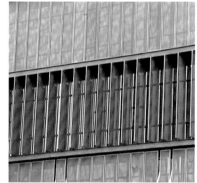

<table>
1	
2	3
</table>

2.3　上海市建科院的生态建筑办公楼

图片来源：岳　鹏

上海市建科院（集团）有限公司生态建筑办公楼坐落于上海市莘庄，2004年竣工，是 2003 年重大科研攻关项目"生态建筑关键技术研究及系统集成"的研究成果之一。

生态建筑办公楼占地面积 905m²，建筑面积 1994m²，高度 17m，钢混主体结构，南面两层、北面三层；西侧为建筑环境实验室；东侧为生态建筑技术产品展示区和员工办公区；中部为采光中庭与天窗。

根据生态办公楼的建筑形式与日照规律，采用了户外电动遮阳百叶、水平及垂直铝合金遮阳百叶、电动天顶篷遮阳、曲臂式电动遮阳篷等多种遮阳形式，以提高外窗的保温隔热性能。天窗外部采用可控制天篷帘遮阳技术，起到有效节省空调能耗的作用；南立面根据当地的日照规律采用可调节的水平铝合金百叶外遮阳技术，通过调节百叶的角度，取得了节能效果；东西立面根据太阳光入射角度采用可调节垂直铝合金百叶遮阳技术。经过一年多的运行和测试，遮阳技术结合节能门窗的使用，仅围护结构节能措施可降低能耗 47.8%；综合能耗为普通建筑的 25%。

1
2

2.4 上海市建科院的莘庄综合楼

图片来源：岳 鹏

上海市建科院（集团）有限公司莘庄综合楼位于上海市莘庄，是上海建科院自行设计建造的第二栋绿色三星建筑。建筑面积近 10000m^2，其中地下建筑面积约3000m^2。建筑整体外观像层层叠加而具有不同质地的"盒子"，各层"盒子"围绕一根无形的"轴"旋转上升，构成南面与西面建筑的逐层外挑，建立起室内环境与冬夏阳光之间的有机关系，形成主楼北向退台、副楼西向退台，创建了层间子遮阳条件，缓冲了建筑与园区空间的关系。同时，避免了以光滑楼体迎向北风、产生涡流、影响园区内的风环境质量问题，可以大大改善此建筑门厅入口处的小气候。

结合南向外墙大开窗，能够获取充足的自然采光以及南窗在夏季需要遮阳两方面的需求，采用了双层窗：外层为单玻普通铝合金框，内层为中空断热铝合金框，两层中间悬挂铝合金百叶帘。建筑的第五层采用 Low-E 玻璃单层中空窗，结合室内窗帘（仅用于调节采光）。所有日常使用空间均依靠自然采光。

除此之外，东、西、北向外窗均采用 Low-E 玻璃；底层门厅西北向有较大面积的玻璃外墙，离外墙一定距离设有钢结构的爬藤植物架，将落叶藤本植物作为遮阳设施为东西向遮阳，同时，还采取了自遮阳、植物遮阳等策略。通过计算机模拟，这些策略都达到了遮阳与采光以及充分利用冬季阳光的节能目的。

2.5　天津市建筑设计院的 A 座办公楼

图片来源：王　珊

　　天津市建筑设计院 A 座办公楼坐落在天津市河西区气象台路。办公楼西向采用了大面积可呼吸式玻璃幕墙，在达到立面效果通透美观的同时，其遮阳系统作为玻璃幕墙的重要组成部分，起到了增加幕墙热惰性的作用，消解太阳辐射达 85% 以上，在夏季能够减少室内因西晒过热而增加的制冷能耗；冬天的阳光则可以透过宽大的玻璃幕墙暖洋洋地照进办公大楼。双层呼吸式幕墙及多角度遮阳百叶和反光板的使用，使室内可以灵活选择自然采光，提高了室内舒适度并达到了节能的目的。

　　在建筑设计初期，遮阳设计就参与进来，对自然通风和天然光利用的重要时间段和遮阳百叶随阳光照射的变化角度、预设的遮阳效果、自动调节叶片状态以及太阳升起和落下的角度对于建筑的影响等，均进行了科学精准的计算分析。建筑采用的双层幕墙系统，不论是其采光通透性，还是保温性，都较单层幕墙系统有较大程度的提升。内外幕墙之间形成了相对封闭的空间——通风间层，空气从外层幕墙下部的进风口进入，从上部的排风口排出，形成热量缓冲层，从而调节室内温度，并解决了室内空气质量问题。采用双层幕墙体系作围护结构，提供自然通风和采光、增加室内之空间舒适度、降低能耗，也较好地解决了自然采光通风和节能之间的矛盾。

1	2
3	4

2.6　天津市建筑设计院的 F 座技术档案中心

图片来源：王　珊

　　天津市建筑设计院 F 座技术档案中心坐落在天津市河西区气象台路。围护结构采用双层幕墙结构形式。在建筑设计时，就考虑了遮阳设施设计。建筑师针对竖向玻璃幕墙的东、西向太阳辐射总量较大的因素，结合当地日照和纬度数据，对遮阳设施进行了精心设计。采用了竖向装饰结构，利用装饰结构与室内结构之间的进深尺度差，以遮挡的方式实现了建筑遮阳，减弱了直射阳光造成的强烈眩光，同时保证室内采光条件。并且在建筑的西面有玻璃幕墙的部位，增加了活动外遮阳卷帘设施。此建筑在力求达到节能目标的同时，丰富了建筑物立面的变化，降低了建筑能耗，达到理想的室内热环境舒适度。

1 | 2
  | 3

2.7 天津生态城的国家动漫园

图片来源：刘 翼 戚建强 蒋 荃

国家动漫产业综合示范园（简称动漫园）坐落在天津生态城服务中心南侧，占地面积约 1km²，规划总建筑面积约 77 万 m²。动漫园集高端写字楼、精品住宅、高端公寓、情景商业街、星级酒店、高等院校之大成，成就复合价值领地，是中新生态城的首席商务综合体。

动漫园主楼采用幕墙结构：其中，一部分为干挂石材幕墙，一部分为双层玻璃幕墙。由于生态城指标体系要求 100% 为绿色建筑，因此，建筑遮阳也是此建筑的重要设计因素之一。建筑在各不同立面采用了不同形式的遮阳方式。建筑造型选择了半圆形，使建筑南立面在结构方面就具有了遮阳作用：在炎热的夏季，随着太阳高度角和日照角度的不断变化，建筑自身起到了自遮阳作用；在建筑的东、西立面，均采用了在窗外侧设置垂直固定金属遮阳挡板，避免东晒和西晒，为建筑室内创造了良好的舒适环境。固定遮阳挡板在阻挡阳光入射的同时，与建筑立面形成的光影效果相得益彰，获得了出色的外立面效果；利用外立面装饰柱作为遮阳构件，也是此建筑遮阳设施的体现。

1
2

2.8 福建厦门的五缘湾花园

图片来源：于胜义

　　福建省厦门市的五缘湾花园工程位于厦门市环岛路与安岭路交会处，总建筑面积约 5290m^2。玻璃幕墙建筑，采用了双层固定式格栅外遮阳：一层为通体垂直式固定遮阳板；另一层为每一层楼的玻璃幕墙上部安设水平式固定遮阳格栅。遮阳系统有效地降低了建筑内部得热，避免眩光直接照入室内，减少了夏季空调能耗。外遮阳系统又起到了装饰作用，遮阳装饰条外形尺寸为 550mm×50mm，由三段铝型材组合而成，位于每个幕墙立柱外侧，不影响悬窗开启和视野。

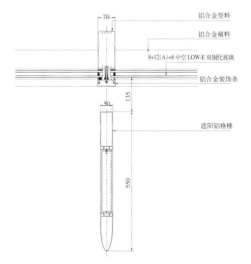

铝合金竖料

铝合金横料

8+12(A)+8 中空 LOW-E 双钢化玻璃

铝合金装饰条

遮阳铝格栅

70

50

135

550

1

2

3

2.9　广东的全球通大厦

图片来源：周　荃　程瑞希

　　广东全球通大厦位于广州市珠江新城，总高约 150m，总建筑面积约 12 万 m^2，建筑外表面以玻璃幕墙结构为主。该项目外立面采用了固定外遮阳设施，从窗楣处挑出遮阳挡板，并对其遮阳效果进行了计算。计算结果表明，南北朝向的遮阳系数达到了 0.75 以上，可以遮挡大部分太阳辐射热进入室内，有效地降低空调负荷，遮阳效果明显。

　　同时，在该项目东、西、南侧还采用了电动内遮阳卷帘，通过智能控制可以自动调节卷帘开启，并控制遮阳帘自动升降以配合气象条件，当所有遮阳帘一齐升降的时候，建筑物的外观看起来非常协调。

　　广东全球通大厦固定外遮阳与可活动内遮阳相结合的遮阳方式，为建筑室内提供了良好的热舒适度，大幅降低了太阳辐射带来的空调负荷和能耗。

1	2
3	

2.10 广州的发展中心大厦

图片来源：周 荃 程瑞希

广州发展中心大厦位于广州市珠江新城临江大道北侧，建筑总高度150m，是一栋超高层综合写字楼，玻璃幕墙结构。建筑外立面的东、西两翼及塔楼南、北立面均采用大进深的两层高正方形网格结构，网格结构中外沿设有竖向遮阳板，其后为平面玻璃幕墙，遮阳板与玻璃幕墙形成鲜明的立体结构对比。可调式垂直遮阳板宽度900mm，长度8000mm，可根据风向、日照光线的变化由智能控制系统转动调节，既起到遮阳、采光、隔热保温作用；又营造了"活动的立面"效果。

建筑室内还设置了白色升降遮阳帘，可局部调节遮阳程度。利用活动外遮阳与活动内遮阳相结合的方式，使得调节更加灵活，在满足光照需求的同时获得了良好的遮阳隔热效果。

2.11 广州的珠江城办公楼

图片来源：周 荃 程瑞希

　　广州珠江城办公楼位于广州市珠江新城商务办公区，总建筑面积约 21 万 m²，高度 309m，是一座国际超甲级写字楼。

　　广州珠江城建筑的东、西立面采用了铝合金水平外遮阳百叶设施，百叶挑出的宽度为 0.8m。建筑师采用日照分析软件对外百叶的遮挡系数进行计算，得到不同时刻的直射、散射及综合遮阳系数。在考虑立面形式的因素后，得出东、西立面整体外遮阳系数为 0.54，配合 Low-E 幕墙玻璃，使幕墙的综合遮阳系数达到了 0.27，遮阳效果明显。

　　珠江城建筑的南、北立面采用了呼吸式双层玻璃幕墙，同时在幕墙内设置了遮阳百叶。通过计算，南、北立面夹层百叶的遮挡系数为 0.39，配合 Low-E 幕墙玻璃，双层幕墙的综合遮阳系数为 0.3，能有效减少太阳辐射热的影响，降低围护结构的热损失，提高了节能效果。

1

2

2.12 深圳的嘉里建设广场大厦二期

图片来源：廖宁林

　　嘉里建设广场大厦二期塔楼项目，位于深圳市福田中心区益田路与福华路交叉口，地上41层，建筑总高度200m，总建筑面积约103000m²。在建筑设计时就考虑了外遮阳设计，通过对当地太阳高度角、方位角和遮阳系数的精确计算，采用固定悬挑外遮阳设施。塔楼南立面随玻璃面板垂直分格，采用三道一组的水平遮阳铝板，水平遮阳板悬挑出玻璃面450mm，与挡板式遮阳结合成为综合遮阳。

　　考虑到建筑的整体效果，塔楼北立面在每个楼层结构部位均设置了一道水平遮阳板，悬挑320mm的单道遮阳板，与垂直遮阳板结合为固定综合式遮阳。东北立面及西北立面设置悬挑320mm的垂直遮阳板，与水平方向设置渐变的遮阳板结合成为综合遮阳。

　　从建筑西立面及东立面开始往南面设置悬挑尺寸渐变，三道一组的固定遮阳板，靠近南部最大悬挑第一道遮阳板为320mm；第二道遮阳板为290mm；第三道遮阳板为260mm。逐渐递减，直到遮阳板悬挑110mm，然后直接为竖向隐框玻璃幕墙。

　　综合式固定外遮阳的设置，解决了我国夏热冬暖地区建筑透明围护结构隔热问题，调节了室内光、热环境，缓解了夏季室内温度问题，节约了夏季空调费用。轻巧美观并富有形象变化的建筑固定外遮阳系统还为建筑外观增添艺术形象效果，体现现代建筑艺术美学气息。

1
2
3

2.13 福建厦门的万达广场大厦

图片来源：于胜义

厦门万达广场大厦位于厦门市仙岳路与金山路交叉口，幕墙面积：47665.65 m²。

厦门万达广场大厦在建筑设计时就结合了遮阳设施，采用了固定外遮阳水平式挡板系统。选择了水平方向渐变的横向遮阳装饰条作为外遮阳设施。遮阳装饰条位于每个横梁外面，最大截面尺寸为 900mm × 150mm。设计时并充分考虑了最大风荷载给构件造成的影响，在装饰条内部采用加强龙骨，保证了构件的安全可靠连接。遮阳装饰条以横向尺寸的变化（外形尺寸在 450 ~ 900mm 不等）和交界处圆弧过渡的形式，整体外装饰构件通过不断变换截面尺寸满足立面造型，为建筑立面勾勒出立体变化图形，给人们带来强烈地视觉冲击。

建筑采用的固定式外遮阳设施对降低建筑能耗、提高室内居住舒适性有了显著的效果。

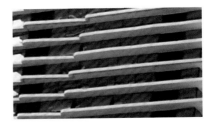

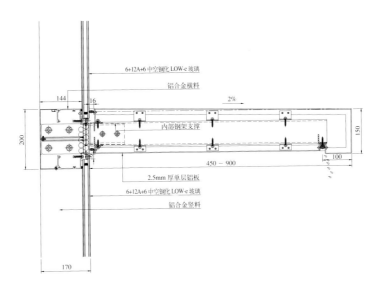

6+12A+6 中空钢化 LOW-e 玻璃

铝合金横料

2%

内部钢架支撑

2.5mm 厚单层铝板

6+12A+6 中空钢化 LOW-e 玻璃

铝合金竖料

144

16

200

150

450～900

100

170

2.14 江苏南京的办公楼节能改造

江苏省建筑科学研究院工艺楼坐落于江苏省南京市北京西路。其遮阳工程是既有建筑节能改造项目。建筑始建于 1976 年，6 层框架结构，层高 3.2m，总建筑面积约 6000m²。2008 年，对该建筑进行了综合节能改造。主要改造措施为：1. 外墙贴快装保温板；2. 空调集中竖向排列；3. 2～6 层南窗安设外遮阳设施；4. 屋顶增加聚氨酯保温层。

经过对不同遮阳产品的不同性能分析，选择了电动金属外遮阳百叶帘作为节能改造中遮阳设施的最佳选择。节能改造中于 2～6 层南窗安装 85 幅共510m² 外遮阳百叶帘。由于本项目为办公楼，开间 4m，层高 3.2m，窗高 1.5m。因南窗为联排推拉窗，百叶帘应连续延伸设置。为了克服叶片等构件过于细长，在组装、运输、安装、使用中容易损坏的困难，因此，采用了每个 4m 开间分解为 2 幅 2m 则更显匀称。安装方式采用百叶帘在外墙面上明装的方式。驱动方式采用了在每开间设一台电动机驱动两幅百叶帘同步升降，实现了"一拖二"，降低了造价。

本项目选择了遮阳系数为 0.15～0.25 的外遮阳百叶帘，在遮阳的同时可调节室内光线的强弱，提高居住环境光舒适度；在遮阳的同时可保持室内通风，提高居住环境热舒适度；在遮阳的同时可保持良好的视野，保持室内与外部环境的交融。同时，叶片选用材料为瑞士进口，抗风能力较强的 CR80 型叶片，颜色同墙面快装保温板取为亚光闪银灰色，既避免反光与眩光，又充满现代气息。叶片两端由导轨或导索支承，叶片间透风，抗风能力强；各配件材料抗疲劳强度高、耐候性优；外形尺寸小，占用空间少，易于实现与建筑一体化；叶片可翻转两面，便于维护、清洗；产品集成化程度高，易于装拆、修理。

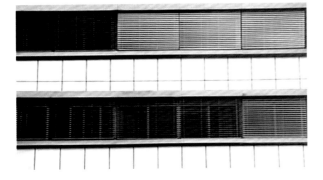

2.15 浙江的物产集团公司总部办公楼

浙江物产集团公司总部办公大楼位于杭州市，由 gmp architekten 设计事务所设计。11 层的建筑通过对立面造型在水平和垂直方向的位移，塑造出独特的立面风格，并与周围低矮的建筑形成和谐的过渡效果。

整座办公大楼外墙安装了垂直固定外遮阳挡板，形成了建筑表皮，其光影动感效果为建筑增添了立体"色彩"。更重要的是，垂直固定遮阳板与玻璃幕墙建筑的节能玻璃组成了建筑节能系统，有效地遮挡了夏季炎热的太阳辐射热，克服了进入室内的眩光；同时，室内还保有了必要的自然采光条件。

为使室内更加明亮，尽量采用白色或浅色办公桌椅等设备。节能减排的意识在这里充分体现。

1 | 2
1 | 3

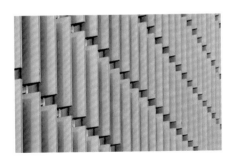

2.16 黑龙江哈尔滨的哈西新区办公楼

　　ZNA 设计的哈尔滨哈西新区办公楼是该地区的一座现代化地标。建筑的半圆弧形造型,减弱了严寒地区冬季强劲西北风的侵袭。建筑的太阳能光电板屋面,在寒冷的冬季让更多的太阳辐射进入室内,增加室温;在夏季还起到遮阳作用。办公室与室外之间,设计有宽阔的廊道和进行大型交流活动的平台,夏季为办公室提供遮阳和通风条件;冬季这个过渡空间可以削弱哈尔滨凛冽的北风进入办公空间。

　　建筑采用的太阳能光电板还提供热水能源;采用地源热泵系统供暖替代了传统能源;室内选用绿色建材,降低了污染的排放,实现了更好的室内空气质量要求;景观设计中采用了当地植被,便于维护,减少浇灌用水。建筑的刚性造型与室外水景形成"硬环境"与"软环境"的对比和融合,为不同形式的户外活动提供了良好的活动空间。

1	2
3	

2.17 辽宁大连的万达广场大厦

图片来源：于胜义

大连万达广场大厦位于辽宁省大连市中山区人民路东端、大连港西部。总占地面积 8 公顷，总建筑面积约 50 万 m^2。

大厦采用了以固定外遮阳装饰竖向线条的宽窄变化而构成的"X"形肌理为主导的外立面效果。外遮阳设施为建筑遮阳、导风，又为建筑外立面幻化出协调的健康美。在裙房的衬托下，两座塔楼体现出蒸蒸日上、蓄势待发的动感，是大连市代表性中心商务区的标志性建筑之一。

大厦采用典型的垂直式固定外遮阳系统，外遮阳装饰条外形尺寸为 350 ~ 900mm 不等。建筑外立面通过装饰条宽窄的改变实现了立面立体造型的变化，给人们留下了深刻的印象。

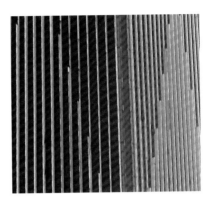

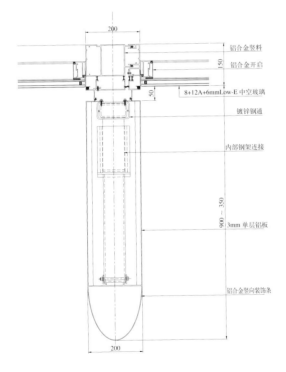

铝合金竖料

铝合金开启

8+12A+6mmLow-E 中空玻璃

镀锌钢通

内部钢架连接

3mm 单层铝板

铝合金竖向装饰条

1	2
3	

2.18 中国台湾高雄的中国钢铁公司总部

港口城市高雄位于我国台湾省南部，是一个从工业城市发展成为多功能商务交易的城市。中国钢铁公司总部坐落在毗邻港口的位置，总建筑面积81054m²，2012年竣工。是高雄港新的地标性建筑。

总部建筑外形以四组围绕公共中心体展开的变形方块塔楼建筑组成。每组塔楼有规律地向外扩张出棱角，扩张部分分别增加了8个楼层，呈12.5°的外移，从而形成建筑立体动态的几何造型。"可呼吸式"节能玻璃幕墙有利于遮阳，实现了自然采光和通风的最大化，并减少了太阳辐射热和噪声的影响，降低了建筑运行能耗。

建筑低层的不锈钢板菱形结构，成为建筑的遮阳设施之一，为低层室内起到遮阳和导风作用。

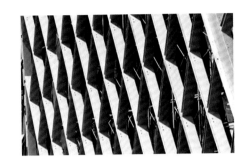

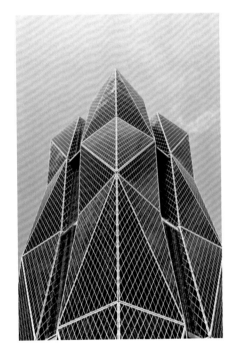

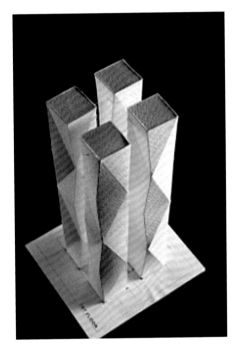

1	3
2	4

2.19 法国巴黎的阿拉伯世界研究中心

图片来源：陈燕男

　　阿拉伯世界研究中心位于法国巴黎塞纳河畔，是阿拉伯世界在巴黎进行形象展示的橱窗。

　　阿拉伯世界研究中心建筑设计了特殊的外立面表皮，采用金属框架与滤光器结合的手法，安装了如照相机般的控光装置，这种前卫的技术和构造方法，使外立面看起来如同覆盖了一件极富地域美学特色的格栅外罩，这件"外罩"起到了遮阳、采光和通风的作用，为建筑内部提供了理想的室内热舒适环境。由于"外罩"的技术系统是由智能控制的，因此，可以根据太阳热辐射和光辐射在不同时段的不同强度进行精确调节，达到采光和遮阳的目的。"外罩"充分体现出阿拉伯建筑技术与建筑美学艺术的完美结合。控光装置的现代化处理又反映出建筑的传统几何形式。

　　在昼夜不同的光源下，建筑体现出不同的光影效果，令人称奇。

1

2

3

2.20　日本的 GaW 办公楼

　　北欧风格的 GaW 办公楼坐落在日本栃木县。由 Satoru Hirota Architects 建筑师事务所的建筑师 Satoru Hirota 设计。2010 年竣工；总建筑面积 1094.05m²。建筑室内设计简单清新，白色作为室内主色调充满整个空间，并摆放了风格简约的家具和节能照明灯具。在这里工作就好像是在度假胜地工作一样。

　　办公楼一层为工作空间：有办公室、总裁办公室等；二层为接待空间：有接待室、休息室、会议室等；三层是活动空间：有主会议室和小会议室等；入口处的楼梯连接各个不同楼层。

　　建筑南立面和东立面设置的窗户较少，以有效防止夏季强烈的太阳辐射热导致的室内温度过高。北立面和西立面全部为双层玻璃幕墙（12mm+12mm 空腔 +12mm）并使用了自洁 Low-E 镀膜和耐候密封胶。

2.21 日本的国际塑料研制公司办公建筑

日本的国际塑料研制公司办公建筑由日本森下建筑事务所（Osamu Morishita Architect & Associates）设计并建造。建筑采用了与塑料有关的多种产品作为建筑的重要设施和组成部分。从空中俯瞰，建筑屋面造型好像一只棋盘静静地卧在万绿丛中。建筑室内，采用了许多个三角形和六边形钢结构元素组成。这种结构形式便于室内尽可能少地使用隔墙，可以根据需要，随时灵活地调整空间使用面积，表达了"化整为零—汇零为整"的多用途空间结构。

由于公司性质是塑料制品研究，因此，办公建筑充分发挥了塑料的多用途和可塑特性。建筑中大量使用了不同功能的塑料材料，如：屋面结构上安装了塑料气室，保温隔热调节室内温度；外墙立面在以碎石混凝土作为承重墙之外，覆以塑料膜结构作为外墙饰面，同样具有保温隔热作用，并有遮阳效果；塑料光导系统为室内照明降低了大量人工照明的能耗和费用；室内的活动遮阳帘、办公桌椅、可以移动的分割墙，甚至顶棚都采用了塑料制品。

1	
2	
3	4

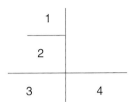

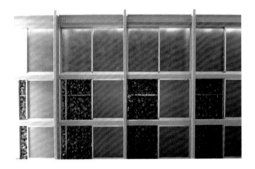

2.22 韩国的三星总部大厦

图片来源：段　昀

三星总部大厦位于韩国首尔。总部大厦由 3 座建筑物组成，极富现代感的设计使它成为首尔瑞草商务区的标志性建筑之一。

三星总部大厦采用玻璃幕墙为建筑的围护结构，保证用户拥有舒适的室内热环境，并考虑了节能减排这个可持续发展宗旨。因此，大厦选用了全套的能源系统控制以及智能遮阳系统。其中，电动卷帘和基于美国 LONWORKS 技术的尚飞 Animeo LON 智能遮阳控制系统在大厦的运行过程中凸显出积极的节能效果。此系统具有讯息便捷、应用灵活、调试简单、运行稳定、功能强大等特点。

遮阳系统与照明系统联动是 Animeo LON 智能控制系统的特色。在复杂多变的气候条件下，系统可以对室内的灯控系统、空调系统、气象信号采集系统和安防系统等进行集成控制和个性调节。当户外阳光辐射很强，遮阳帘自动下行遮蔽阳光，同时，安装于室内的照度传感器会自动检测室内照度是否满足室内采光要求，并启动调光功能，根据需要打开适量的光源，确保室内适当的照度且不浪费额外的能源。智能控制系统还与火灾报警系统进行联动。当火警预报时，大厦内所有的遮阳帘则无条件自动收起以确保建筑物内有害气体的顺利排放。

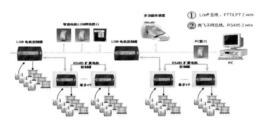

1

2

3

2.23 墨西哥的 Cinepolis 影业总部建筑

　　Cinepolis 是墨西哥最大的剧院运营商，世界上排名第六。Cinepolis 总部建筑是一组低矮建筑，位于墨西哥城以西 161 公里的米却肯州，莫雷利亚（ Morelia ）城郊外的小山上。总面积为 6968m^2。

　　建筑以集装箱组团形式表现出建筑不凡的造型。为节能降耗，建筑尽量以自然采光为主，因此采用玻璃幕墙结构能够使自然光线尽量多地照射进室内，减少人工照明；为了保温隔热，每一层屋面上均种植了绿色植物，绿植为下面的房间遮挡强烈的太阳辐射；交叉摆放的建筑造型有利于遮阳，并为建筑创造了自然通风条件；建筑内部的电器均采用能效比较高的设备，节约能源。

　　建筑和环境体现出"三重绿色"：地面的绿色植物、第一层"集装箱"屋面的绿植和第二层"集装箱"屋面的绿植。这三重绿植，极大地克服了裸露地面或裸露屋面对建筑产生的太阳辐射热，为建筑建立起宜人的绿色植物微环境，为员工创造了舒适的室内工作氛围。

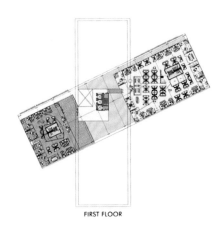

FIRST FLOOR

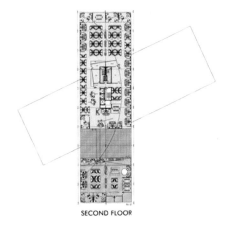

SECOND FLOOR

（集成箱组团形式，各层屋面均种有绿植）

2.24 法属圭亚那的校园办公楼

此校园办公楼建筑位于法属圭亚那,建于 20 世纪 80 年代,是为节能减排和扩大办公使用面积而结合既有建筑节能进行的扩建改造项目。既有建筑围绕中央天井布置。

节能改造项目包括:对既有建筑原有混凝土墙体之外,加设了穿孔不锈钢外饰面作为建筑表皮;安设了阳光控制系统。穿孔不锈钢表皮有效地遮挡圭亚那强烈的太阳辐射,并为建筑内部提供通风条件;阳光控制系统可以最大限度地控制遮阳设施的使用并减少空调运行能耗。

扩建部分包括两个办公室,这两个办公室犹如两只"抽屉",插接到既有建筑两个不同的侧面。"抽屉"的立面由钢结构覆以防腐木质格栅构成,并架空底层。如此设计,有利于两只"抽屉"有充足的自然风通过,格栅是有效的遮阳措施,为室内遮阳、导风,并克服眩光。扩建项目保持了原有的中央天井,不影响原有建筑从天井采光,又扩大了办公面积。遮阳、通风等节能措施使扩建面积室内获得了舒适的环境条件。

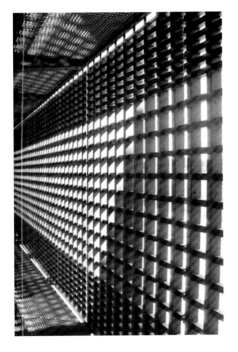

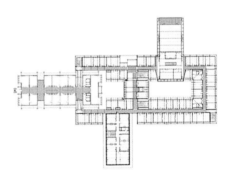

2.25 丹麦的 Horten 总部

　　Horten 是丹麦法律机构总部，位于哥本哈根。该总部办公大楼是一座新建建筑。建筑师提出的设计方案，希望大楼表现出经典的石材与现代玻璃结合的立面，演绎出古典与现代和谐相融的办公空间。

　　为达到建筑立面美学效果与节能建筑规范要求相结合的完美目标，建筑采用了钢框架结构作为主体结构，外表皮采用了两个玻璃纤维复合层，其中一层为高绝热泡沫材料包裹石膏板作为保温隔热层。复合层在减轻表皮重量的同时，构造出建筑冗长向上的直线配合的凹凸不平的立面造型，并解决了立面齿轮造型构件模数不统一的制作难度。玻纤材料可以按照设计要求打造出古典石材的效果，又易于与玻璃契合。如此选材和建造，使建筑达到了建筑师的建筑立面效果要求。

　　建筑冗长向上、凹凸不平的立面，在不凡的造型中解决了建筑遮阳问题，建筑用特殊的表皮几何结构，采用建筑结构作为遮阳构件，有效地遮挡太阳辐射进入室内；为了克服夏季强烈的太阳辐射，建筑南面的窗户全部设计成不开启窗，而通过北面的窗户进行通风换热，这些措施为办公空间创造了理想的热舒适环境。

1
3
2

2.26 美国的材料信息学会总部大楼改造

美国材料信息学会国际（The ASM International）总部建筑位于美国俄亥俄州的拉塞尔，原建筑建于 1959 年。建筑设计出自 20 世纪中叶两位颇具影响力的建筑师之手，他们分别是师从包豪斯学派创始人沃尔特·格罗皮乌斯的 John Terence Kelly，和以网格穹顶、环保设计与节能汽车设计著称的 R·Buckminster。建筑的现代主义风格表现为：混凝土底层架空柱，四周安装了整层高的玻璃。并利用双层简约的纯几何六边形金属框架，构成巨大的网格穹顶，将之下的整个区域覆盖其中。建筑占地约 18 万 m²，包括总部大楼、穹顶和花园。

近年来，此建筑进行了翻新和节能改造，全力挽救这一建筑奇迹，令其跻身于"美国国家史迹名录"。翻新项目包括：保留和翻新了以前的太阳能遮阳板；保留和翻新了仍有保温隔热作用的加厚玻璃窗；保留了原始的金属框架网格穹顶及其细部和不锈钢悬浮装楼梯；原来的混凝土地板经打磨呈现出石子骨料，表现出古朴的风格；在原有面积内增加了新的功能房间；节能改造的主要内容是在电气和采暖设备的节能升级、更换能效比更高的电气设备，以及改用 LED 节能灯等。

节能改造后的总部建筑，在日光和灯光中熠熠生辉，以节能环保的姿态，迈开大步向着新的时代挺进。

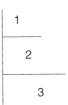

2.27　荷兰阿姆斯特丹的植被微循环办公楼

　　鹿特丹节能生态公司（ENECO）总部办公大楼位于荷兰阿姆斯特丹，由 Hofman Dujardin 建筑事务所与 Fokkema & Partners 事务所合作设计完成。

　　ENECO 公司的愿景是致力于可持续发展能源的开发利用。其总部办公楼通过采用多种节能措施实现了能源的可持续发展：采用太阳能光电板发电，供给室内所有照明系统用电；智能太阳能光电控制系统，自动追踪太阳光照以最大限度的发电量提供能源；外窗均使用了 Low-E 玻璃，遮阳并避免眩光进入室内；通过在建筑低层外墙表面和建筑内部种植定向培养的、适合于鹿特丹潮湿的气候又不必专门浇灌和打理的植被，为建筑保温、隔热、遮阳，同时为建筑内部补充氧气。这个独立的环境植被系统，为建筑大幅度降低了用于保温、隔热、遮阳的能耗和费用。

1

2

3

2.28 丹麦米泽尔法特的储蓄银行办公楼

储蓄银行办公楼位于丹麦的米泽尔法特（Middelfart），2010 年竣工，建筑面积 5000m²。

由 3XN 建筑事务所设计的办公楼，是一座节能建筑。墙体选用了相变混凝土、海水源冷／热泵系统、低温地板采暖以及热回收装置。这些节能措施，减少了建筑 30% 的采暖／制冷能耗，通风系统 85% 的能耗，节能率达到近 50%。

办公楼采用了木结构坡屋顶结构。巨大的坡屋顶由 83 个菱形天窗组成。这种独特的屋面，在冬季，天窗让阳光充分照射进室内，人们在其中能够享受到温暖的热舒适环境；经过精确计算的屋顶坡度，在夏季又起到了遮阳作用；人们在室内不同高度均可以直接欣赏到周围迷人的海景，一举多得。

国际知名艺术家奥拉维尔·埃利亚松（Olafur Eliasson）为接待大厅设计的"流星"万花筒结构，为建筑增添了丰富的空间魅力。

1	2
3	

2.29　智利的 Ombú 办公楼

Ombú 办公楼位于智利 Providencia 省的 Avda. Andrés Bello 大街 2115 号。由 Mas Fernandez 设计所设计。别致的建筑外立面造型极大地吸引了过往人群。

由于地理位置不同，为防止夏季强烈的太阳辐射，建筑的北立面和东立面均设置了固定挡板式垂直外遮阳板。遮阳板用丝网玻璃构成，有力地遮挡了太阳辐射热，在克服眩光的同时，允许自然光进入室内。固定遮阳板还起到了为室内引导风向的作用。仅此丝网玻璃固定遮阳板一项技术措施，就为建筑营造了通风、舒适的室内热环境，大大降低了制冷、人工照明和通风能耗，值得借鉴。

建筑西立面完全封闭；南立面则是规则的小型开窗，以抵御冬季的寒风进入室内。清水混凝土配以黑色铝框的窗户，成为建筑朴质美感的另一特色。

Ombú 办公建筑高 10 层，每层的办公室面积在 90～130m²。建筑的名字"Ombú"是她对面河岸上茂盛生长的树的名字。

2.30 波多黎各的大学综合研究楼

波多黎各大学位于波多黎各的 San Juan。综合研究楼是一幢四层楼高的扩建附楼，由 Toro Ferrer Arquitectos 设计。建筑面积 5110m^2，2009 年竣工。建筑东立面表皮采用固定悬挂的彩色穿孔铝板构成，其表皮美学效果由当地艺术家设计，似浮雕展现在混凝土墙面上，吸引人的眼球。而其真正的目的，是节能减排。建筑外立面表皮组合，为建筑遮阳挡雨，又让自然光和微风自由通过，创造了良好舒适的室内热环境。

由于建筑首层是多功能开放空间，利用屋面采光窗采光就十分重要。为减少夏季顶部采光给室内造成过热现象，设计师采用了在采光窗外的屋面设置半透明材料格栅遮阳板的方法，既满足了内部首层空间的采光，又遮挡了来自建筑上方强烈的太阳辐射热和眩光，为多功能空间创造了良好的舒适的环境质量。天窗产生的"烟囱效应"还能够使开放空间换气通风，一举多得。

1	2
3	

2.31 德国汉堡的联合利华总部大楼

联合利华新总部大楼坐落于德国汉堡港口城的显著位置，位于游轮终点码头和施汤德凯（Strand–kai）步行大道交会处。

造型独特的大楼外部表皮采用了ETTF（Ethylen –Tetrafluorethylen）张拉膜结构。这种新的双层幕墙构造形式。建筑采用的铝合金活动外遮阳百叶帘，由于受到ETTF膜的保护，大厦在开窗自然通风的同时，帘体免受大风和其他天气的影响，达到了室内舒适度、避免眩光和节能要求。同时，表皮的优势还在于，一旦火灾发生，ETTF膜就熔化，满足了相关防火规范的要求。ETTF膜是张拉在建筑外墙上的钢结构杆件之上，为抵抗风力变形，膜结构采用双曲面形式，厚度为 0.25 ~ 0.30mm，可见光透射率为 95%，可以透过紫外线，最大承载能力为 $50N/mm^2$，足够抵御汉堡港的强风，使用寿命可达 25 ~ 30 年。

建筑内部的中庭通过玻璃屋顶采光。屋顶钢结构最大跨度为 37m，其框架结构通过圆井结构解决。玻璃顶建于钢结构的支架上。屋顶的玻璃部分全部在北边，南面是封闭的。经过精细的优化模拟计算，有效地控制屋顶阳光的入射强度，同时为办公区提供充足的自然采光。建筑运行系统采用了智能控制，根据天气情况对建筑的遮阳、采光和照明进行智能调节。

联合利华的新总部大楼采取了多种节能措施，运行时的一次性能源消耗低于 100kWh /（$m^2 \cdot a$），建筑获得了汉堡港口城生态金奖。

1
2
3

展览馆、博物馆和图书馆

3.1　上海世博会的中国馆

　　2010 年上海世博会中国馆位于上海世博园区浦东 A 片区，世博轴东侧主入口的突出位置。总设计师：中国工程院院士、华南理工大学教授何镜堂。总建筑面积 16.01 万 m^2，建筑面积 46457 m^2，高 69m，由地下一层、地上六层组成。

　　中国馆整体造型秉承了中国古代传统建筑"斗栱"的元素，借鉴了鼎器文化的概念，通过四足与斗栱的巧妙结合，以及冠盖逐层叠出挑檐的建造，筑建出"中国红"的"东方之冠"雄浑造型。

　　"东方之冠"从下往上，层层外展出挑，呈逐层水平展开之势，显示了节能理念，遮阳－通风：建筑主体每一层的出挑，都为下一层室内提供遮阳和导风条件，形成了建筑自身遮阳的有利条件，节约能源，免用能源；采光：逐层外挑的"斗冠"其出挑部分的内部底面均采用了半透明材质，有利于提供天然采光；保温隔热："斗冠"内侧四周是环廊，为参观者提供休憩的场所，同时又是建筑室内外的过渡空间，不论冬夏，都可以起到对展区内冬暖夏凉的温度保护作用。"斗冠"由 56 根横梁借助斗栱下小上大的原理叠加而成。象征中国 56 个民族大团结形象。在 49m 的上层展厅面积达 8500m^2；在 33m 的下层展厅面积约 3400 m^2。"斗冠"的中国红金属板材表皮，采用灯芯绒状肌理方案，不仅为中国馆穿上了更具质感的"外衣"，也为张扬跳跃的红色赋予了稳重、大气的质感。

1	2
3	

3.2 上海世博会的"阳光谷"

世博轴是中国 2010 年上海世博会主入口和主轴线,位于浦东世博园区中心地带。南北长 1045m,东西 99.5m 地下 110.5m,地上 80m。总建筑面积 25.2 万 m²。地下地上各两层,为半敞开式建筑,集商业、餐饮、娱乐、交通于一体,是世博会永久建筑之一。

"阳光谷"是世博轴上的膜建筑群,本着"节能、降耗、环保和生态"的设计理念,建于世博轴长约 1000m、宽约 100m 的大道上。"阳光谷"6 个极具视觉冲击力的倒锥形钢结构框架 – 膜式建筑群,为来到这里的人们提供遮阳、挡雨、导风和小憩的巨大适用空间。6 个巨大的倒锥形建筑,整体高约 40m。每个上部开口面积相当于一个足球场,这些"盛开的喇叭花"由 69 块巨大的白色膜布拼装而成,总面积达 6.8 万 m²,厚度为 1mm,设计张拉力强度达到世界最高:5t/m。寿命 30 年。另一独特之处还在于当飓风袭来,这些开放的花朵可以随风摇摆,平衡应力影响,摆幅可达 3m 而不毁。

"阳光谷"的建筑群把阳光、雨水、自然风和新鲜空气这些天然要素"免费"引入世博轴地下空间,利用天然能源,节约人工能源,保证了地下空间的环境质量,为世博轴平添了十足的浪漫气质。

3.3 上海世博会的马德里馆

　　马德里案例馆位于 2010 年上海世博会 E 片区的城市最佳实践区。马德里展馆以一个附满竹质结构活动遮阳板为表皮的建筑和一款名为"空气树"的奇特建筑所组成，表述着西班牙政府在建筑节能方面利用可再生能源、新型环保材料和先进的生态技术的节能理念，重点强调了遮阳的重要性。通过智能系统控制，在一天当中，竹质遮阳板表皮的开启和关闭时间随太阳高度角和辐射不同而动作。因此，建筑立面始终处于不断变化之中，光和影的立体效果为马德里馆增添了变幻魅力的同时，使建筑室内享有舒适的光 – 热环境，节约了空调制冷能源。

　　"空气树"采用了十边形的钢结构建筑造型，顶部安装了太阳能发电板；周围的十个边均安装有 3 段透风遮阳帘，太阳辐射充足时，遮阳帘展开，起到遮阳、透风作用。"空气树"利用太阳能和风能为人们聚会、歇息提供遮阳—通风的惬意空间。当遮阳帘垂直伸展时，"空气树"内部面对观众的一侧就是显示屏，可以播放马德里和上海民众生活片断的视频，促进两国文化沟通和交流。

1	2
3	

3.4　上海世博会的英国馆

　　2010 年上海世博会英国馆位于浦东园区 C 片区，建筑面积 6000m²。设计者 Thomas Heatherwick（托马斯·西斯维克）来自该馆的设计团队 Heatherwick Studio。英国馆展区核心建筑"种子圣殿"被昵称为"蒲公英"，是一个六层高的圆角立方体，外观无任何支撑，60858 根亚克力光纤杆是"蒲公英"的"触须"。每根"触须"长 7.5m，在底端与墙体结合的部位由铜质套管支撑；"触须"从内部向外伸展，每根亚克力杆顶端又嵌有一颗或几颗植物种子。当参观者站在"蒲公英"立方体某一角正对面时，"触须"向不同方向伸展的整体效果成像，恰似英国国旗中的"米"字。

　　"蒲公英"节能环保的理念在于："触须"如同树枝般起到了遮阳—通风的作用。并且，在白天，"触须"将太阳光通过自身的光纤传导，为建筑内部提供天然照明；夜晚，建筑内部的照明又可以通过"触须"并借助光纤的不同步传导，使光影变幻的"蒲公英"通体亮彻，光彩夺目。这种光感传导作用，在节约照明能源的同时，还为"蒲公英"带来了奇异的光感效果，使展馆更加与众不同。

　　"蒲公英"的另一节能环保理念体现在：设计师充分发挥亚克力杆 7.5m 长度和向外扩展的空间因素，精确计算出建筑表皮空间—时间—温度的相互作用关系，利用"可呼吸"表皮"吐故纳新"的原理，解决了昼—夜交替过程中的冷—热交换，为建筑带来不利用能源就隔热降温的效果。

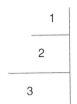

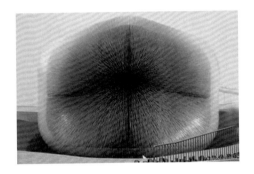

3.5　上海世博会的波兰馆

　　2010 年上海世博会波兰馆坐落在世博会浦东园区 C 片区。由 WWA Architects 建筑设计事务所的 Marcin Mustafa、Natalia Paszkowska 和 Wojciech Kakowsk 设计。波兰展馆以纸张折叠出的不规则形状为建筑造型，以波兰民族民间剪纸艺术的镂空花纹作为主题外观，演绎了"波兰在微笑"。

　　波兰馆节能环保的理念：从建筑美学和功能方面讲，展馆建筑利用了镂空纹样作为建筑立面，不使用能源，就为建筑内部创造了遮阳、通风条件。考虑到世博会的时间和所处地域，展馆没有必要建造保温外墙。同时，波兰馆不作为永久性建筑保留，为节约资源，建筑外立面选用了便于拆运的胶合板。通过浸渍激光切割，将胶合板安装在墙体底衬模块上，再在模块表面装上玻璃或聚碳酸酯，并涂以防水和防紫外线辐射的涂层，如此做法也遵循了节能理念。白天，阳光穿过镂空的建筑表皮，将变幻的光线透过剪纸图案映射到内部墙面和物体，克服了眩光，为建筑内部营造出一种明暗相间、错落有致的光影效果。

　　展馆入口处半开放屋顶的空间可以同时容纳和安置就餐者和排队的参观人员，解决了遮阳和通风问题，由于镂空表皮的采用，又不会使人感觉到"烟囱效应"，避免给人们带来过于强烈的通风和风力负压，赢得了舒适、凉快的空间环境。

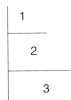

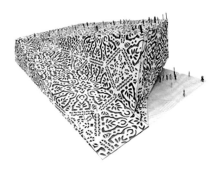

3.6 山东崂山脚下的青岛大剧院

青岛大剧院坐落在山东青岛的崂山脚下，黄海之滨。建筑师紧扣周围海浪、礁石、蓝天、白云的自然景观主题，将青岛大剧院的两个主要场馆歌剧院和音乐厅的外形，设计成类似两架巨大钢琴的形状。在周围美景的衬托之下，青岛大剧院呈现出美轮美奂的独特风景。

大剧院采用了巨大悬挑屋檐，半透明的屋面材料在一根根巨型挑梁的支撑下，犹如钢琴的琴键；半透明材质挑檐在夏季烈日的照射下既不会产生漆黑的阴影，又不会产生眩光，同时为挑檐下的空间遮阳避雨。巨大挑檐还有效地遮挡了太阳辐射热进入室内，导引凉风入室，为室内创造了舒适的环境。

室内天棚波浪起伏的条板梁犹如五线谱，起到吸音和克服噪声的作用。人们坐在宽敞的大厅里，安享音乐带给人的快乐和激情。

青岛大剧院按国际一流剧院标准建设，总建筑面积约 8.7 万 m²，包括 1600 座的歌剧厅、1200 座的音乐厅和 400 座的多功能厅及艺术交流中心等配套设备，具备接待世界一流艺术表演团体演出的条件和能力。

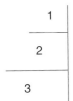

3.7 天津的中粮集团天津展示厅

中国粮油食品进出口（集团）有限公司（COFCO）天津集团展示厅坐落在天津市河东区，2010年建成，建筑面积4129m²。此建筑位于两条主要街道的交叉口，以正交折叠结构与城市交通网络互为呼应，在城市中令人印象深刻。

展示厅建筑由双层玻璃幕墙与格栅式固定外遮阳设施共同构成表皮。双层玻璃幕墙具有有保温隔热的理想效果；固定格栅在夏季为室内遮阳并克服眩光进入；冬天，则让更多的阳光进入室内，为室内增温。玻璃幕墙立面部分以六边形结构单元作为构造细节，而六边形图案正是COFCO的公司标识。

展厅内功能区之一是COFCO的品牌：中粮集团长城干红葡萄酒的品酒展示空间。这个空间位于建筑的二层，是一个向外悬挑15m的结构，从这个空间可以俯瞰天津市的母亲河——海河。

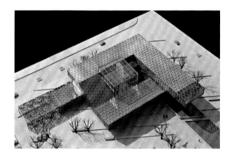

3.8 四川成都的新津博物馆

新津博物馆位于四川省成都市新津县的道教圣地老君山脚下。博物馆外饰面装饰独特，展览内容体现了道教的精髓。

博物馆建筑外墙采用当地材料和传统工艺制作成的瓦片作为立面装饰。采用了用钢丝将瓦片串连悬挂做成垂帘和将瓦片嵌入外墙作为饰面的方式，处理手法古朴素雅，与道教圣地的肃穆韵味协调呼应，体现出对自然的敬畏和阴阳平衡的意境。

此建筑对于瓦片应用的节能意义在于：悬挂串连的瓦片垂帘，形成了一道可以让自然风自由通过的遮阳帘，让部分自然光进入室内，减少人工照明用能。夏季，有了这些透风帘体的遮挡，室内免于遭受强烈的阳光照晒，又有阵阵凉风穿过，室内保持清凉舒适的环境；当冬季来临，充足的阳光透过网状瓦帘照进室内，提高了室内温度。不必使用能源，就能够得到冬暖夏凉的室内热舒适度。

1

2

3

3.9　中国台湾的兰阳博物馆

　　兰阳博物馆坐落在中国台湾省头城镇乌石礁遗址公园内，2010年竣工，总建筑面积12472.74m²。博物馆由姚仁喜建筑师设计，建筑模仿北关礁石的奇特外形，并以当地的礁石作为建筑的部分饰面材料，使建筑与原生态湿地环境融为一体，交相辉映。

　　建筑向阳的立面和大面积屋面采用了Low-E玻璃作为幕墙，可以引进大量自然光照，减少人工照明；Low-E玻璃可大幅反射红外线，力求保持室内冬暖夏凉，并具有克服眩光的作用。建筑师利用建筑物错位而产生的空间错位，成为建筑内部采光与视觉错位效果的点睛之笔。建筑尖端指向龟山岛，左侧凸出于礁石饰面墙体上的几个阳光室是立面的点睛之笔，并有规律地为展览区导入自然光，在阳光室能够眺望周围的湿地公园全貌。

1

2

3

3.10　新加坡的璧山图书馆

　　璧山图书馆坐落在新加坡璧山中心，图书馆独特的立面造型，使其成为这个中心区最具识别性的地标性建筑。建筑师用凸出于建筑立面的蓝、绿、黄这些冷色调的玻璃"盒子"，提示人们放松心情，静心在书海中漫游。

　　这些被称为"PODS"的盒子，其灵感源于"在树上居住的房子"。一只只从立面悬挑出、似吊舱般的盒子，为在图书馆阅读和讨论的人们开辟了一隅私密空间。盒子的立面，起到了固定的垂直外遮阳板的作用，上午为其西侧的建筑立面遮阳，下午为其东侧的建筑立面遮阳。

　　图书馆屋面上巨大的聚碳酸酯半透明架空式屋盖，是良好的遮阳设施，避免来自上方的日照眩光进入建筑顶层室内，又起到通风和避雨的作用。

1	2
3	

3.11　法国蓬皮杜梅斯中心的"斗笠"建筑

　　蓬皮杜梅斯中心（Centre Pompidou-Metz）是法国蓬皮杜中心的首个分支机构，在科学和文化走向方面保持了完全独立性。巴黎蓬皮杜中心自 1977 年对外开放以来，由于已有不断增加的藏品数量庞大，而展示场所满足不了向公众展示的条件，因此建造了"梅斯中心"分馆。"梅斯中心"由日本的 Shigeru Ban 和法国 Jean de Gastines 设计。Shigeru Ban 负责屋顶设计，Jean de Gastines 负责内部设计。

　　蓬皮杜梅斯中心的最大特色是它的屋顶。Shigeru Ban 采用了斗笠的外形特征，用斗笠六角形的编织法构成屋顶结构来连接建筑四边的横梁，这样的结构方式可以使展示空间完全不用立柱支撑，而巨大的屋顶只在四周受力部分用 4 根柱子支撑。由于整个屋顶是弯曲变化的，所以选择了木质结构，并以 200mm 厚的木条作为梁板，将条板编织成六角形结构的蜂窝形式，纵横交错，构成了大跨度和弯曲变化的幽雅屋顶。每个方向的木梁均由两层木板组成，在每个交接点是由 4 层的木板互相紧扣，使整个屋顶都变得稳固，只需 4 支木柱就支撑了整个 $5000m^2$ 的内部空间。

　　建筑屋面采用了 PTFE 材料，白天，整座博物馆外观犹如白色的斗笠；夜晚，在灯光的映衬下，屋面六角形蜂窝结构彰显出迷人的色彩。参观者可以在室外、室内，白天、晚上不同时间感受到建筑的色彩变幻，似乎进入了精彩的梦幻世界。

1	
	2
3	

3.12 美国亚利桑那州的"牛仔帽"博物馆

美国的 Scottsdale 博物馆位于亚利桑那州。此博物馆为玻璃幕墙建筑。为使建筑追赶上可持续发展潮流，建筑师选用复合材料制成条板，用条板"编织"的栅栏构成了这座玻璃房子的表皮。远远望去，表皮就像古老美国西部的牛仔帽。这顶牛仔帽覆盖了整幢玻璃幕墙建筑、建筑的外跨楼梯以及博物馆入门处宽敞的接待大厅。无论昼夜，天光或灯光通过表皮形成的动感光影，都为参观者提示着古今变迁和可持续永恒的主题。

由于有了"牛仔帽"表皮，建筑在夏季可以免遭亚利桑那炙热的太阳烘烤，又有和缓的自然风穿过；冬季，温暖的阳光穿过栅栏的空隙，为建筑室内增加温度。正是这层表皮，使博物馆室内一年四季拥有舒适的温度，并大大降低了博物馆制冷/供暖能耗，实现了可持续发展。

博物馆另一可持续发展的途径，就是采用了可循环使用的塑料和工业废弃物——木屑，经合理配比挤压成型的复合处力作为"栅栏"用材；由光伏发电板组成的屋面雨篷，将太阳能转换成光能和热能，供建筑使用，同时将收集的雨水回收利用，成为景观浇灌用水。

1

2

3

3.13 挪威的肋骨形图书馆

挪威的 Vennesla 图书馆坐落于 Vennesla 市中心。由于其内部功能构件类似于动物的肋骨,被人们称为肋骨形图书馆。这座建筑是集图书阅览与社区文化交流功能于一体的大型公共建筑。

Vennesla 图书馆顺应可持续发展战略,在自然采光、建筑结构构件遮阳、综合能源效率和材料资源利用率等方面为当地做出了表帅。为社区的文化交流提供了环境舒适,能源节约的理想场所。

图书馆采用了预制胶合板作为建筑内—外部功能构件为基本元素,其造型和功能令人叹为观止。图书馆内部也采用预制胶合板作为建筑的梁—柱体系,27 条"肋骨"从天花板延伸到地面,构成了整体的屋顶、墙壁支撑、书架、办公用具和阅读设备。"肋骨"中安装有照明设施,使室内层次分明。

建筑师还采用高效绝热材料制作为固定格栅式全覆盖建筑外遮阳,以其独特的几何变形表皮、高效的遮阳效果达到了低能耗建筑标准。被评为挪威资源、能源节约 A 级建筑。

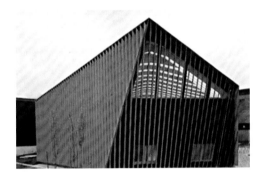

1

2

3

3.14 美国加利福尼亚州的 Laguna 图书馆

Laguna 图书馆坐落在美国的加利福尼亚州。此图书馆建筑通过太阳光照的平面规划设计，建造了自然风通风塔以及采用了墙体的保温隔热设施等节能技术，实现了可持续发展。

建筑墙体的保温隔热，严格按照当地节能设计标准规定的热工指标设计执行。在此基础上，建造通风塔和"V字型"太阳光照屋面。

通风塔的建造，利用"烟囱效应"，使室内有频频的自然风穿过，降低了空调制冷能耗，获得了舒适的室内通风环境。夏季夜晚，此通风系统通过无能源空气流动，为整幢建筑降温。

太阳光照节能设计包括：1.建筑采用的"V字型"屋面：经过精心设计的V字型太阳光照屋面，为其表面安装的光伏发电板提供了理想的太阳能接收角度，同时为室内提供了遮阳和采光条件。仅此一项措施，就为建筑提供了12%的能量并降低了空调制冷能耗；2.建筑南立面玻璃窗上方加设了遮阳导光板，为室内遮阳，在克服眩光进入室内的同时，为室内提供良好的采光，减少了室内人工照明用电。

3.15 德国沃尔斯夫堡的保时捷展览馆

保时捷展览馆位于德国沃尔斯夫堡，由 HENN Architects 设计完成。占地 400 m²。保时捷展览馆以其独特的造型，在汽车城环礁湖风景区独树一帜。

保时捷汽车馆建筑的动感弧形曲线造型与保时捷品牌高度契合。亚光不锈钢建筑表皮延展弯曲成展馆入口顶部 25m 长的悬挑，悬挑檐向前延展一直到达水边上方，下方形成开放的聚会空间。这个空间从视觉上与周围景观相得益彰，同时又具有遮阳、避雨、水面反光、导风和隔音的作用，为展览馆扩大了活动空间，在室外营造出一个安静舒适的室外环境。

展览馆周围拥有优美的绿化环境，在湖水的映衬下，更显出建筑的体态美。该建筑获得了 2012 "Best of Best – Architecture" 大奖。

3.16 伦敦奥林匹克公园的宝马展览馆

　　由伦敦建筑事务所 serie architects 设计的"宝马"展览馆位于伦敦奥林匹克公园河边。建筑造型让人联想到维多利亚时代的露天演奏台。此建筑造型更吸引人的是建筑外立面的水帘。水帘从建筑四周不断流淌倾泻，像瀑布一样覆盖了整个建筑外立面。薄薄的水帘为展馆的遮阳、降温、防止眩光进入室内起到了举足轻重的作用，是保持室内热舒适度的重要屏障，还为参观者提供了凉爽湿润的空间环境。

　　建筑师借鉴了"宝马"车体流线型的灵感，设计了一系列由模数曲线组成的模块屋顶遮阳空间，并为下面的参观者和展示车辆提供凉爽通风的展示空间。这些模块造型采用了冷加工成型的胶合板，并与 RHS 钢柱组合安装，便于拆装运输，循环使用，是节能环保意识的再次体现。

1

2

3

3.17 美国华盛顿特区的 Watha T.Daniel Shaw 图书馆

Watha T. Daniel-Shaw 图书馆位于美国华盛顿特区的 Rhode 岛大道，2010 年建成使用，建筑面积为 915m^2。建筑共有三层，地下一层，地上两层。图书馆兼具社区教育和活动聚集地功能。

此建筑安设了空气置换系统、太阳能控制系统和日照管理系统，并使用了一系列可循环利用和再生使用材料。建筑外墙南立面采用了波纹穿孔铝屏幕墙系统，对南立面进行 60% 的全覆盖，便于遮阳—通风。建筑物 0.9m 以上的玻璃幕墙表面覆有透光遮阳板，在遮挡强烈太阳辐射的同时允许部分自然光线进入室内。透光遮阳板降低了制冷成本，减少了人工照明，也有助于图书馆收藏品免受直射光照的破坏。图书馆室内热舒适环境良好，节能环保。

从大厅可进入地面一层，这一层主要为社区的活动空间。图书馆用途多样，包括一个 100 人的多功能厅，会议室，新书库、图书目录、儿童阅览室、个人学习室、主服务台和工作人员用房等。二层主要是成年人阅读区。图书馆能够提供在线目录查询服务，在任何地方都可以获得图书馆的电子资源。

3.18 英国的水上图书馆

　　水上图书馆是由 CZWG 建筑事务所设计的一个古铜色图书馆，位于英国的加拿大水域附近。其不凡之处在于，此建筑逐层向外扩张的外形像一个倒立的锥形体。面积 2900m^2。建筑外立面是阳极氧化铝穿孔表皮，建筑造型和表皮的运用，有利于建筑遮阳，引导周围水面的凉风进入室内，节约了空调制冷和通风能耗。

　　藏书区域位于建筑顶部的两层中央空间，周围被阅读室包围，如此设置使图书免于接受直接光照，而靠近窗户的区域更便于阅读。节省了人工照明能源。水上图书馆在为每一位读者提供舒适的室内阅读环境同时，节能减排，有利环保。

1

2

3

3.19 奥地利的 Kiefer 技术展示厅

奥地利的 Kiefer 技术展示厅是由 Ernst Giselbrecht 及合伙人事务所设计建造的,是一座办公加展示的建筑。建筑的动态变化外立面由多个可折叠的金属挡板组成,根据需要,在建筑内部通过智能系统,控制外立面挡板的位置折叠,就可以完成各种不同空间造型的,或局部、或全部的外立面变幻模式。智能控制系统根据太阳辐射强度对遮阳板进行调控,建筑立面可以在一天当中随着日照和气温变化而变幻出不同的立面图案,并调节建筑物内部热环境舒适度。建筑外立面的变化成为吸引人眼球的动态雕塑。

建筑外立面表皮在无穷动态变化的同时,可以有效地为内部空间遮阳、克服眩光,且有利于自然采光。智能控制系统允许用户灵活控制自己所在区域的个性化外立面空间造型,进而展现出不同建筑立面美学效果。

1

2

3

学校、幼儿园

4.1　北京的中欧国际工商学院建筑

　　北京中欧国际工商学院位于中国北京中关村软件园，由西班牙建筑事务所 ACXT 设计。项目面积：18000m^2，2010 竣工。

　　学院为坐落在一个半圆形基座上的一组建筑。这组建筑的突出之处在于，所有建筑的外立面均安设了不同方式的固定外遮阳设施，有垂直外遮阳板、格栅式遮阳以及综合式结构构件外遮阳。这些外遮阳设施满足了《公共建筑节能设计标准》中对遮阳系数的要求，在满足室内采光要求的前提下，为建筑内部提供了理想的室内热舒适环境，克服眩光进入室内，并大幅度降低了夏季空调制冷和人工照明能耗。由于精心设计，固定遮阳板在冬季可以满足日照要求，为室内增温，节省了部分采暖能耗。

1	2
3	4

4.2 天津生态城的第一中学

图片来源：刘 翼 戚建强 蒋 荃

    天津生态城第一中学位于天津生态城起步区内，占地面积 4.4 万 m^2，2012 年 6 月竣工。该项目通过建筑本身向学生展示绿色节能生态技术、普及绿色节能理念，从小培养学生的环境保护和可持续发展意识。教学楼被动节能与主动节能技术措施有机结合，充分利用了可再生能源和促进了多种节能技术的优化融合。

    建筑师根据建筑朝向的不同，遮阳采取了活动铝合金遮阳板和垂直遮阳构件相结合的形式。东南朝向和西南朝向设置了可调式铝合金机翼外遮阳，有利于冬季和夏季采暖、空调系统节能，也有利于调节室内光线，形成良好的教学环境；西北朝向和东北朝向宜设置垂直遮阳，考虑到建筑立面效果影响，将建筑构件作为自身遮阳，解决了外遮阳问题。同时，建筑综合考虑了遮阳和采光的优化设计，如增大教室南向窗户面积，遮阳板结合反光板改善室内采光效果等。

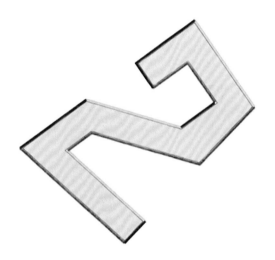

━━━ 需要遮阳的主要空间（大面积窗户）

━━━ 需要遮阳的次要空间（小面积窗户）

━━━ 不需要遮阳的空间

	1
2	
	3

4.3 越南胡志明市的平阳学校

平阳学校（Vo Trong Nghia）位于越南胡志明市。学校教学楼呈"S"形。教学楼周围绿树成荫，屋顶采用了种植屋面，为调节环境湿度，教学楼中间空地中还建了一个小型水池。

由于地处亚热带，教学楼的主要外立面均采用了格栅—镂空板结构作为建筑表皮，表皮内有连廊作为室内外的过渡区域。格栅和镂空板既是建筑的外立面装饰，更重要的是采用了这些格栅和镂空板，使建筑内部免遭强烈直晒的太阳辐射，能够形成区域和整幢建筑的通风系统，满足室内采光并避免眩光进入室内。这种格栅—镂空板结构的建筑表皮，大大降低了制冷—通风—采光的能耗，同时，为室内的教学提供了良好舒适的环境。连廊还有避雨作用，在雨季，学生们可以在课余时间，在教学楼内自由穿梭、交流和欣赏外景的空间。

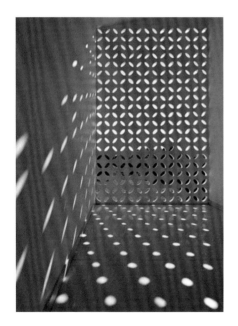

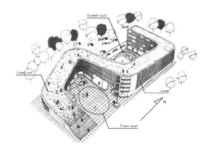

4.4　新加坡的拉萨尔艺术学院

　　新加坡地处亚洲大陆最南端，终年日照强烈，四季炎热，在那里，各种类型的建筑都很注重建筑外遮阳，空间遮阳也受到重视。新加坡拉萨尔（Lasalle）艺术学院采用了膜结构空间遮阳。

　　拉萨尔艺术学院由六个单体建筑组成，每个单体的体量相近。建筑单体之间的空地作为休息活动场地，在二层以上采用连廊相互联系。建筑采用了玻璃幕墙结构，墙体封闭、开窗面积很小，但是内部却让人感觉现代、通透、舒适宜人。这是因为每个单体朝向内庭院的立面都采用不规则多边形空间折线作为母题，并且通高采用通透的玻璃幕墙，并在每个单体楼顶都设置了遮阳张拉膜结构。张拉膜采用透光的遮阳面料，就像一顶巨大的帐篷将所有楼宇和庭院一并覆盖。白天，炽热的阳光经过遮阳膜的过滤和遮挡，为庭院和室内空间提供了自然舒适的漫射光。夜晚，建筑内的灯光透过膜结构辉映夜空，为建筑营造出梦幻般的景象。在这个案例中，遮阳膜的结构美与玻璃幕墙的曲线美共同营造出建筑的前卫感，达到了技术与艺术的高度统一。

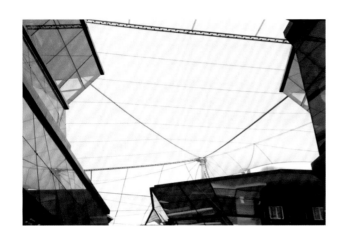

4.5　日本的 MODE 学院楼

　　日本 MODE 学院楼建筑坐落在名古屋市繁华街区，是一座超高层建筑。建筑摒弃了传统方盒子外形，以三个翼片螺旋向上旋转的外形表现着建筑内拥有三所职业学校：MODE 服装设计学院，计算机、信息技术与设计专门学校（HAL），医学与护理职业学校（ISEN）。这个三维空间表现的柔性建筑轮廓给城市带来了丰富的联想和新的面貌。

　　建筑采用具有保温隔热效果的双层玻璃幕墙作为外立面，以获得开阔的景观视野和充足的自然光；双层呼吸式玻璃幕墙通风系统，可以通过两层玻璃幕墙中的空气循环和流动降低来自外界的热辐射，降低了空调系统的能耗；同时，旋转向上的外形，有力地克服了以正对面角度的太阳辐射和眩光直接进入室内；建筑内教室和工作室均在建筑中间部位，四周是围绕这些学习场所的开放交流空间。这些交流空间有效地隔断了外部四季变化给室内带来的温度不适，同时，有利于冬季得到更多的温暖阳光，而夏季，太阳的不断位移，不会使这个空间感觉过热。

　　不同凡响的建筑设计十分贴切地表达了 MODE 学园主席谷胜的理念，他认为，学校建筑应该被设计成与众不同的形态，以此为学生发挥创造性思维提供恰当的环境，同时，学校建筑本身也应该让学生们引以为豪。

4.6 奥地利的儿童保育中心

儿童保育中心坐落在奥地利的 enzersdorf，幼儿园与小学为一体，由奥地利事务所 MAGK 和 illiz architektur 合作设计。

为适合儿童单纯和稚嫩的特质，设计师采用了简洁的正方形和矩形等几何形状板块，作为建筑的外立面表皮；又运用对比鲜明的红—绿色调作为表皮的色彩。建筑朝阳的立面表皮与室内空间有一条走廊隔开，有了这个走廊的间隔，就构成了由室内到室外的过渡区域，儿童在室内就能够享有更加和谐的室内热舒适度。外立面板块中有的是钢丝网花格，可以让空气直接进入到走廊；有的是红—绿色调的聚碳酸酯半透明板材，以遮挡眩光直接进入，并起到遮阳的作用，这层外立面集遮阳—通风—透气—采光与一体，是室内一道调节温度的屏障。无论在寒冷的冬季或炎热的夏季，孩子们都可以在走廊玩耍嬉戏，不会受到因季节变换带来的过大的温度上的不适。由于表皮的视觉通透性，孩子们在室内也可以看到室外四季变换的景物，同时享受阳光。

1
2
3

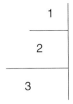

4.7　加拿大多伦多的亨伯学院

亨伯学院（Humber College）的"法医中心"是一座改建建筑，由 Gow Hastings 事务所将多伦多一家汽车交易所改建而成。原有的汽车交易所建筑室内宽敞明亮，为改建提供了理想的空间条件。法医中心建筑内部办公区域，从精密仪器、化学分析等的较小检测室的分割，到犯罪场景模拟训练的空间划分，以至采光通风等，都具有良好的条件。

为满足建筑对遮阳的需求，建筑师重新设计了建筑外立面，为原有外立面加设了一层表皮。这层表皮由铝合金丝网构成，为便于采光和室内外沟通，金属丝网分为上、下两部分。金属丝网的采用弥补了以往玻璃幕墙带来的室内光照过度，眩光刺眼和没有遮阳设施的不足，通透的金属丝网还为室内提供自然通风。玻璃幕墙与金属丝网之间，种植了攀爬植物，绿色植物从上方悬垂下来，加强了遮阳效果；绿植的光合作用还为室内增加了氧气。

采用 LED 照明设备是此项目另一节能要素。

| 1 | 3 |
| 2 | |

4.8　澳大利亚的瓦南布尔校区

　　瓦南布尔（Warrnambool）校区坐落在澳大利亚维多利亚州，是澳洲西南技术与继续教育学院（TAFE）重建项目，由建筑师 Lyons 设计。面积：2870 m²，2009 年竣工。

　　造型别致的建筑外立面以几何元素形式，一层层向外错落展开。这种类似扇面打开的形式有利于遮阳、采光，克服眩光直射入室内，并且不使用任何能源就获得了良好的室内热舒适环境。"自动遮阳墙"使此建筑成为当地一个标志性景观。

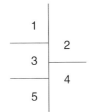

4.9 西班牙的圣米格尔学院

圣米格尔学院是 Xamfrà Sant Miquel 基金会的总部，坐落在西班牙巴塞罗那的 Sant Feliu de Llobregat，是一座改建和扩建项目，由建筑师 Pepe Gascón 设计。面积：1492.75 m²，2010 年竣工。此建筑是非盈利性组织用于培训、文化交流，并且为帮助有轻微智力缺陷的弱势群体提供培训和就业机会的场所。

圣米格尔学院本着创造舒适的室内环境和节能减排的宗旨，在尽量减少对能源依赖的基础上，达到室内采光、遮阳、通风和视野开阔的要求。建筑在玻璃幕墙外立面采用了金属固定竖向遮阳板为室内遮阳。这种遮阳方式，从室内向室外观望，室外景观犹如镶嵌在镜框中的美景，同时使建筑立面更加丰富；室外平台设置了镀锌钢网围栏，半透明的钢丝围栏不影响室内采光，既提示了室内外无障碍沟通，又提醒室内人员抓紧完成作业和工作才能走向外部空间；天窗采光通过室内浅色墙壁的几次对光折射，可以投入建筑低层，使整个建筑内部免费得到了过滤了眩光的自然光线，满足建筑内部不同楼层和不同平面区域的采光，而不需人工照明；这种设计还满足了室内自然通风的需求。

圣米格尔学院改扩建项目采取的节能措施，大幅度减低了建筑运行能耗，达到了当地节能减排标准的目标。

4.10　印尼巴厘岛的"绿色"学校

　　巴厘岛的"绿色"学校（green school）是在巴厘岛森林稻田附近建造的乡村教育社区。学校建筑全部采用了当地丰富的亚热带竹材作为建筑材料。竹材用来作为建筑结构、建筑装饰材料，也可以用于制作地板、座椅、桌子和其他器具。选用生生不息的竹子作为全方位的建筑室内外用料，充分体现了业主和建筑师为当地教育服务的同时，亦传播了可持续发展思想的理念。

　　教学功能空间采用了两种形式：圆锥形和倒扣的船形。

　　圆锥形教学功能空间以螺旋形结构向外辐射展开，充分利用了竹子的韧性和可塑性。节点的处理也利用了竹子独特的材质。由多根竹子交织组成的通高圆柱结构支撑了整个建筑，并巧妙地构成了圆形天窗。由于地处亚热带，建筑无须采用实体墙，格栅围栏就是墙体，墙体、天窗和分层镂透的屋面设置满足了室内通风、采光的要求，巨大的屋面架高覆以当地随处可见的藻草，就成为避雨、遮阳的屋顶。

　　倒扣船形教学功能空间则利用"船底"作为屋面，贯通整个屋面架构均覆盖了当地的藻草，同样具备了采光、遮阳和通风的作用。这个建筑省去了墙体，更加符合亚热带建筑需要大通风量的要求。整个社区成为这一带建筑节能的优秀设计案例。

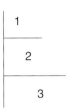

1

2

3

4.11 法国巴黎的 Novancia 商业学校节能改造

巴黎 Novancia 商业学校始建于 1908 年。近年来，由 AS 建筑设计工作室完成了对它的改造和增建工作。改造方案承袭了原有建筑的风格，完整保留了原有的砖砼结构，坡屋顶以及马赛克立面表现效果，同时利用增建部分赋予学校全新面貌。

建筑面向街道的立面，采用 4102 片彩色贴膜玻璃垂直百叶遮阳板作为新的表皮，替代了原先粗粝的砖石墙面。遮阳板采用了黄红两色玻璃，不仅呼应了原有建筑的色彩，同时与近旁的 Bourdelle 博物馆色调协调一致。由智能控制的玻璃遮阳板，随太阳的运转不停地调整角度，有效降低了太阳辐射对室温的影响，引导自然风进入室内。彩色贴膜玻璃百叶遮阳板的 ETFE 薄膜可以有效控制进入室内的热量，使柔和的折射光线进入室内区域。另外，建筑的所有教室和办公室都设有朝向中庭的窗户，方便采光和通风。

此次改造项目还包含了三个露天剧场、可容纳 260 个座位的礼堂、资源中心、录音室和咖啡厅。所有设计细节均符合最新的法国建筑物无障碍交通法规。

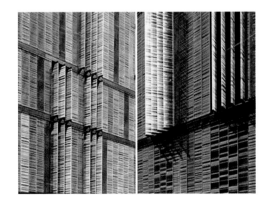

1	
2	
3	

空间遮阳、凉亭

5.1 中国南方城市的公共空间遮阳

图片来源：吴亚楠　王立雄

　　城市公共空间的遮阳对提高人们生活的舒适感具有重要意义，中国传统城市中廊式建筑就是空间遮阳的一种形式。当代城市发展过程中，机动车道越来越宽阔，人行道、自行车道以及过街天桥的遮阳变得十分重要。因此，增加城市公共空间的遮阳对提高人们在城市中生活的舒适感具有重要意义。在城市人群集中的地方，如在衔接地铁站出入口与人流比较集中的步行通道上建设连续的风雨连廊系统，在城市里各街区和商厦之间建设遮阳天桥等，加强了步行交通辅助设施建设，从而营造舒适的慢行交通环境。自然通风、遮阳、避雨设施的建设对缓解人们在城市热岛环境中出行的热环境起到积极作用。

　　"廊"这种有顶的通道，是中国传统建筑的空间形式之一。其基本功能为交通、遮阳、防雨和供人小憩等。人们在廊中或行走、或休息、边走边欣赏周围风景，或停下来聊天十分惬意。尤其是酷暑季节，廊的遮阳作用明显，人在廊中活动，不必被阳光直射，又非常凉爽。

1

2

3

5.2 北京某校园的空间遮阳

这组校园空间遮阳设施在北京某职业学校校园内，由 Interval Architects 设计完成，2011 年竣工。

校方为了给学生们创造一个具有人文气息和功能性的集会空间和活动场所，同时，在北京炎热的夏季，为学生们提供一些室外与室内连通的遮阳通道，设计了这组空间遮阳设施。

空间遮阳虽然在中国南方城市已经引起重视，但实际工程还不多，北京这所学校的空间遮阳具有创新精神，又改善了学生们室外活动场所的条件。建筑师设计了一组"过山车"式的带状结构，为学生们创造了一系列室外空间遮阳设施，其形状有的如花园，有的像亭子，有的是通透的走廊。一年四季，不论刮风下雨还是烈日当头，学生们在这样的空间里活动，都有了遮阳、避雨的连续行进空间，活动十分方便。环境中保留了原有的树木和花草，环境幽静雅致，深受学生们的欢迎。

1	
	2
3	

5.3 广州某大学的空间遮阳

图片来源：张 磊　孟庆林

　　人文馆位于广州华南理工大学校内。其功能分为三个部分：东西向布置的三层展厅，二层的阅览室以及带有弧形架空廊的咖啡厅和报告厅。人文馆不仅在建筑设计上有其独特的地方，也在生态设计方面充分考虑了亚热带区域的气候特征，在屋顶和弧形架空廊的设计上采用了带有固定倾斜角度遮阳板的遮阳措施。

　　经过精确计算和合理设计，人文馆的屋顶遮阳综合考虑了日照、天然降雨和自然通风等要素，实现了夏季遮阳和冬季得热的效果。实现了建筑与气候的结合，创造了生态的屋顶空间环境。由于太阳直射光的照射，这些遮阳构件可以在建筑立面和平面形成浓厚的光影，建筑光影在一天中的不同时间里随太阳的移动而改变，产生出具有韵律感和生命力的阴影变化，突出了空间、场所在视觉上的感染力，实现了建筑与气候的巧妙结合。

5.4 广州新电视塔的固定外遮阳

图片来源：周 荃 程瑞希

    广州新电视塔于 2009 年 9 月建成，包括发射天线在内，广州新电视塔高达 600m，已成为当时世界第一高塔。广州塔塔身为椭圆形的渐变网格结构，其造型、空间和结构由两个向上旋转的椭圆形钢外壳构成，密集的透空钢柱组成的网格，有效地遮挡了太阳光的射入，起到了外遮阳的作用，还显著地减少了幕墙由于环境污染造成的影响。

    广州新电视塔利用自身结构作为外遮阳措施，为大型钢结构建筑注入了一种新的设计理念，即在设计时考虑到自身结构的遮阳效果，使其在支撑作用和营造立面效果的同时具有遮阳—通风的作用，对降低建筑空调能耗具有重要意义。

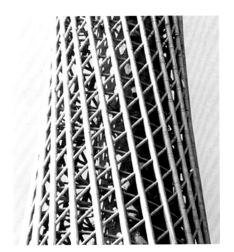

1

2

5.5 江苏昆山的农场采摘亭

采摘亭坐落在江苏省昆山阳澄湖畔的有机植物生态农场。建筑面积 150 m²，2012 年竣工。

采摘亭屋面采用了中国传统建筑的大屋檐悬挑方式，硕大的屋面下面是玻璃幕墙小屋。悬挑屋面和建筑立面表皮均由挤压成型的竹质百叶构成，起到遮阳、挡雨、导风和避免眩光进入室内的作用。玻璃幕墙立面设置有通高的无框玻璃旋转门，使小屋具有透明和轻盈的感觉。在周围大自然的怀抱中，在舒适的室内环境里，人们可以在采摘亭举办与采摘有关的各种活动。

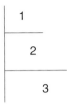

5.6 中国台湾的水上茶室

　　水上茶室坐落在台湾郊区，由一座废弃的厂房和消防水池改建而成。建筑师通过设计创意，将茶室与周围环境改造成一片精巧别致的和谐美景。

　　茶室通高的推拉门可以完全打开，宽敞通透的室内空间，有利于在夏季促进空气流通；同时通过室外水面和卵石与室内温度形成的温差，加速了室内外空气的流动；宽大的空间遮阳板，为下面的茶室和室外空间遮挡了炙热的太阳辐射，还起到避雨的作用；立面通高的窗户便于自然采光；屋面落下的人造"瀑布"，将茶室和围廊覆盖其下，为整个区域降温并增加润泽的湿度。

5.7 越南的 LAM 咖啡馆

LAM 咖啡馆位于 Nha Trang 市中心。椰树叶形状的屋顶设计灵感来源于椰子树,这片巨大的"椰树叶"覆盖了 350m^2 的空间,整个咖啡馆面积为 800 m^2。

在这里,来自世界各地的游客和当地居民不仅可以享受美味的咖啡,同时也能体验到这一全新建筑的空间遮阳理念。LAM 英文的意思为"百叶窗",咖啡馆的建筑材料全部用当地最常见和盛产的椰子树木料建造而成,建筑立面更是采用了"百叶窗"的形式,独特的"百叶窗"传达出建筑通风—遮阳的另类感受。室内隔栅不仅通风,还按照同方向排列,有利于导风、通风。微风通过百叶窗穿过咖啡馆,每个座位上的客人都能感受到周围清新的田园气息。

1

2

3

5.8 美国的"天歌"遮阳标志物

　　坐落于美国亚利桑纳州斯科茨代尔路和麦克道尔路交叉口的空间遮阳设施——"天歌"（SkySong），由FTL事务所和贝·考伯·弗里德建筑师事务所合作设计，2009年5月竣工。"天歌"强烈的雕塑感成为这个地区有代表性的标志物。

　　"天歌"采用PTFE玻璃纤维结构，约有$5000m^2$。所覆盖的是综合体项目，包括12万m^2的办公科研场所、咖啡厅、餐馆以及一个增建的宾馆——会议中心。除了为商业空间提供遮阳，"天歌"还为周边的住宅公寓起到遮阳作用。"天歌"也起到为这个大型综合体遮阳挡雨的中心庭院作用，是人们户外空间活动不受天气变化影响的避风港和清凉湾。深受周围居民和业主的欢迎。

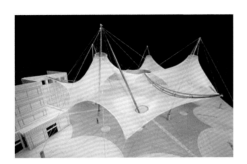

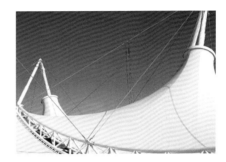

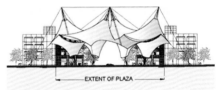

EXTENT OF PLAZA

1	2
3	4

5.9　美国的某自行车租赁中心

　　该自行车租赁中心位于华盛顿特区的交通中枢——联合车站门口，用以促进人们更多地使用自行车，鼓励低碳出行。

　　自行车租赁中心建筑采用拱形不锈钢管构筑了稳固的、如骑行安全帽造型的外形，减轻了整体结构重量，呼应了自行车的优雅和低碳的出行方式。建筑外立面采用高效节能玻璃透明表皮，双层 Low-E 玻璃有利于调节内部温度，进一步减少太阳辐射热量的吸收；每一排玻璃表皮之间留有空隙，便于内部自然通风。人们从租赁中心内部可以看到国际会展中心广场的全景。

5.10　美国的鲁斯·利里游客凉亭

　　鲁斯·利里游客凉亭位于美国印第安纳州的艺术与自然公园内，是关于建筑物、土地与艺术之间关系的研究成果。占地 40.5 公顷。由 Marlon Blackwell Architect 设计，2010 年竣工。

　　凉亭的顶棚由木质格栅构成，用钢架架空并覆以玻璃屋面，便于整座凉亭遮阳、采光、避雨。凉亭外围沿着外部钢框架构成的平台延伸，构建出宽敞的休息乘凉空间。阳光和风从格栅之间自由出入，人们置身其中与大自然亲近接触，并与周围的自然景观融为一体。凉亭中有一处由三面玻璃包围的空间，供游人进行小型聚会等活动。这个区域由地热系统提供供暖和制冷能源。凉亭用水引自附近的井里。

1
2
3

5.11　美国的河景公园小屋

　　河景公园小屋坐落在美国俄亥俄州的俄亥俄河畔休闲景观公园内，由美国 De Leon & Primmer 公司设计。

　　这座小屋是 28.3 公顷俄亥俄河畔休闲景观复兴计划的一部分，供游人乘凉休息之用。小屋造型模仿了当地的传统谷仓建筑，并利用了具有现代感的倾斜线条，体现着四个主题特征：活跃、公共、自然和趣味。小屋内安设有自动饮水器、人工控制灌溉系统和灯光控制等系统。

　　波纹耐候钢板以百叶形式覆盖了整个屋顶和部分外墙，镀锌穿孔板覆盖了两个立面。这样的构造为室内引入了柔和的光线，遮挡了强烈的阳光，实现了自然通风。建筑由一系列简易的、可置换的模块组合而成，能够实现快速、便捷的组装，同时不会产生过多的建筑垃圾。是建筑材料循环使用的一个实体建筑，有利于节能减排。

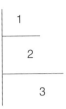

5.12 美国的双"L"形公共汽车候车亭

　　双"L"型对插的公共汽车候车亭坐落在美国北卡罗来纳州的罗利车站，2007年竣工。候车亭的设计获得了2008年美国建筑师协会颁发的全国小型项目结构奖。

　　候车亭简单优雅，两个"L"型由两种对比鲜明的材料构成：厚重的现浇混凝土作为候车亭的主体结构和长凳；钢架遮阳篷由钢质框架和聚碳酸酯材料制成，透光却不产生眩光，体现着轻盈和通透；简单的长条木凳用重蚁木制作，为等待上车的人提供了遮阳—通风的舒适休憩场所。

1

2

3

5.13　美国纽约林肯中心的休闲餐饮建筑

　　美国纽约林肯中心是一座独特的集休闲、餐馆与购物为一体的异型建筑。此建筑的巧妙之处就是在紧凑的场地上构建出双层空间：草坪地下为餐饮、购物空间；草坪地上部分为公共草坪空间。绿植草坪的对角适度掀起，在动感中形成了地上与地下的空间转换。

　　草坪使餐饮、购物建筑隐藏在第 65 号大街的喧闹之中。仅从屋顶草坪的外观根本看不出下面的空间，而建筑的复杂结构设计，通过钢构的几何形状，运用楼层梁柱笔直的钢质构件得以实现。预制钢结构构件简化了组装的程序，加快了施工的过程。草坪下宽大的建筑挑檐，为下面的建筑提供了良好的遮阳；草坪又是屋面的保温隔热层，使室内热环境适中，并为周围建筑增添了一抹温柔的绿色，使这里的环境充满活力，焕然一新。

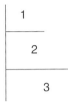

5.14 印度新德里的砖砌办公楼外墙

印度新德里的南亚人权文献中心（South Asian Human Right Documentation）办公楼由新德里建筑事务所（Anagram Architects）设计，建筑面积 50m² 左右。该中心为非政府机构，计划造价相对较低，但希望设计出一个高效节能空间。

此项目位于一个热闹的街角，周边有熙熙攘攘的人群和车辆通过。因此，建筑需要高效阻隔来自街道的噪声和周围视线的干扰，并具有遮挡太阳辐射的要求。

考虑到这诸多影响因素，建筑师在建筑临街立面设计了一堵特殊砖墙。这道砖砌屏障由一系列旋转的方形砖垛组成。砖块不断重复扭转，组合出不同样式，在采光通风的同时，还有效地降低了来自街道的噪声；重复扭转的砖块加厚了墙体厚度，增强了吸音、隔热作用。

特殊的外立面构筑形式使人联想到南亚特色的百叶窗。6 块砖为一组构筑单位，每块砖均为印度的标准尺寸：230mm × 115mm × 75mm。如此模数统一的砖块能够在各自旋转的立体构筑物中体现出整齐划一的外立面效果，起到稳固的作用。水平方向和垂直方向上的砖块相互交错重叠，加固了整个墙体结构。

1	2
3	4